U0013940

科學少年學習誌

編／科學少年編輯部

科學閱讀素養
生物篇 3

遠流

科^學少年學習誌

科學閱讀素養 生物篇**3** 目錄

課程連結表

文章主題	文章特色	搭配108課綱（第四學習階段 —— 國中）	
		學習主題	學習內容
基因改造食物：真相大公開	說明了人類改造農作物的歷史，介紹改造食物的遺傳工程技術、基改植物的特性，並解釋各種關於基改食物的迷思。	演化與延續（G）：生殖與遺傳（Ga）；生物多樣性（Gc）	Ga-IV-4遺傳物質會發生變異，其變異可能造成性狀的改變，若變異發生在生殖細胞可遺傳到後代。 Gc-IV-4人類文明發展中有許多利用微生物的例子，例如：早期的釀酒、近期的基因轉殖等。
		生物與環境（L）：生物與環境的交互作用（Lb）	Lb-IV-2人類活動會改變環境，也可能影響其他生物的生存。
		科學、科技、社會及人文（M）：科學、技術及社會的互動關係（Ma）；科學發展的歷史（Mb）	Ma-IV-1生命科學的進步，有助於解決社會中發生的農業、食品、能源、醫藥，以及環境相關的問題。 Mb-IV-1生物技術的發展是為了因應人類需求，運用跨領域技術來改造生物。發展相關技術的歷程中，也應避免對其他生物以及環境造成過度的影響。
動物天生愛模仿	說明動物在面對掠食者的威脅時，演化出獨特的求生之道。有些動物會模擬環境顏色，有些動物則會模仿其他厲害角色！	生物體的構造與功能（D）：動植物體的構造與功能（Db）	Db-IV-5動植物體適應環境的構造常成為人類發展各種精密儀器的參考。
		演化與延續（G）：生殖與遺傳（Ga）；生物多樣性（Gc）	Ga-IV-4遺傳物質會發生變異，其變異可能造成性狀的改變，若變異發生在生殖細胞可遺傳到後代。 Gc-IV-2地球上有形形色色的生物，在生態系中擔任不同的角色，發揮不同的功能，有助於維持生態系的穩定。
		生物與環境（L）：生物間的交互作用（La）	La-IV-1隨著生物間、生物與環境間的交互作用，生態系中的結構會隨時間改變，形成演替現象。
開啟抗生素時代——弗萊明	了解弗萊明發現抗生素的歷程，以及抗生素為人類醫療帶來的衝擊。	生物體的構造與功能（D）：細胞的構造與功能（Da）	Da-IV-1使用適當的儀器可觀察到細胞的形態及細胞膜、細胞質、細胞核、細胞壁等基本構造。 Da-IV-2細胞是組成生物體的基本單位。
		演化與延續（G）：生物多樣性（Gc）	Gc-IV-1依據生物形態與構造的特徵，可以將生物分類。 Gc-IV-2地球上有形形色色的生物，在生態系中擔任不同的角色，發揮不同的功能，有助於維持生態系的穩定。 Gc-IV-4人類文明發展中有許多利用微生物的例子，例如：早期的釀酒、近期的基因轉殖等。
		科學、科技、社會及人文（M）：科學、技術及社會的互動關係（Ma）	Ma-IV-1生命科學的進步，有助於解決社會中發生的農業、食品、能源、醫藥，以及環境相關的問題。
森林裡的小精靈——樹蛙	介紹樹蛙的特徵與生態習性，並認識臺灣以及世界各地的特色樹蛙，同時了解環境變遷對牠們造成的生存壓力。	生物體的構造與功能（D）：動植物體的構造與功能（Db）；生物體內的恆定性與調節（Dc）	Db-IV-4動植物體適應環境的構造常成為人類發展各種精密儀器的參考。 Dc-IV-5生物體能察覺外界環境變化、採取適當的反應以使體內環境維持恆定，這些現象能以觀察或改變自變項的方式來探討。
		演化與延續（G）：生物多樣性（Gc）	Gc-IV-1依據生物形態與構造的特徵，可以將生物分類。 Gc-IV-2地球上有形形色色的生物，在生態系中擔任不同的角色，發揮不同的功能，有助於維持生態系的穩定。
		生物與環境（L）：生物與環境的交互作用（Lb）	Lb-IV-1生態系中的非生物因子會影響生物的分布與生存，環境調查時常需檢測非生物因子的變化。 Lb-IV-2人類活動會改變環境，也可能影響其他生物的生存。 Lb-IV-3人類可採取行動來維持生物的生存環境，使生物能在自然環境中生長、繁殖、交互作用，以維持生態平衡。
		資源與永續發展（N）：氣候變遷之影響與調適（Nb）	Nb-IV-1全球暖化對生物的影響。
花叢中的華麗舞者——大紅紋鳳蝶	說明大紅紋鳳蝶的形態特徵與生態習性，以及完整的生活史，還有厲害的禦敵術。	生物體的構造與功能（D）：動植物體的構造與功能（Db）	Db-IV-5動植物體適應環境的構造常成為人類發展各種精密儀器的參考。
		演化與延續（G）：生物多樣性（Gc）	Gc-IV-1依據生物形態與構造的特徵，可以將生物分類。 Gc-IV-2地球上有形形色色的生物，在生態系中擔任不同的角色，發揮不同的功能，有助於維持生態系的穩定。
		生物與環境（L）：生物間的交互作用（La）	La-IV-1隨著生物間、生物與環境間的交互作用，生態系中的結構會隨時間改變，形成演替現象。
海中的太陽花——海葵	介紹海葵這種分布在淺海域的生物，可認識海葵的特殊形態與習性，以及海葵如何與其他海洋生物互動。	能量的形式、轉換及流動（B）生態系中能量的流動與轉換（Bd）	Bd-IV-1生態系中的能量來源是太陽，能量會經由食物鏈在不同生物間流轉。
		生物體的構造與功能（D）：動植物體的構造與功能（Db）	Db-IV-1動物體（以人體為例）經由攝食、消化、吸收獲得所需的養分。
		演化與延續（G）：生殖與遺傳（Ga）；生物多樣性（Gc）	Ga-IV-1生物的生殖可分為有性生殖與無性生殖，有性生殖產生的子代其性狀和親代差異較大。 Ga-IV-5生物技術的進步，有助於解決農業、食品、能源、醫藥，以及環境相關的問題，但也可能帶來新問題。 Gc-IV-1依據生物形態與構造的特徵，可以將生物分類。 Gc-IV-2地球上有形形色色的生物，在生態系中擔任不同的角色，發揮不同的功能，有助於維持生態系的穩定。

導讀
科學 × 閱讀二

閱讀是人類學習的重要途徑，自古至今，人類一直透過閱讀來擴展經驗、解決問題。到了 21 世紀這個知識經濟時代，掌握最新資訊的人就具有競爭的優勢，閱讀更成了獲取資訊最方便而有效的途徑。從報紙、雜誌、各式各樣的書籍，人只要睜開眼，閱讀這件事就充斥在日常生活裡，再加上網路科技的發達便利了資訊的產生與流通，使得閱讀更是隨時隨地都在發生著。我們該如何利用閱讀，來提升學習效率與有效學習，以達成獲取知識的目的呢？如今，增進國民閱讀素養已成為當今各國教育的重要課題，世界各國都把「提升國民閱讀能力」設定為國家發展重大目標。

另一方面，科學教育的目的在培養學生解決問題的能力，並強調探索與合作學習。近年，科學教育更走出學校，普及於一般社會大眾的終身學習標的，期望能提升國民普遍的科學素養。雖然有關科學素養的定義和內容至今仍有些許爭議，尤其是在多元文化的思維興起之後更加明顯，然而，全民科學素養的培育從 80 年代以來，已成為我國科學教育改革的主要目標，也是世界各國科學教育的發展趨勢。閱讀本身就是科學學習的夥伴，透過「科學閱讀」培養科學素養與閱讀素養，儼然已是科學教育的王道。

對自然科老師與學生而言，「科學閱讀」的最佳實踐無非選擇有趣的課外科學書籍，或是選擇有助於目前學習階段的學習文本，結合現階段的學習內容，在教師的輔導下以科學思維進行閱讀，可以讓學習科學變得有趣又不費力。

素養＋樂趣！

撰文／陳宗慶

我閱讀了《科學少年》後，發現它是一本相當吸引人的科普雜誌，更是一本很適合培養科學素養的閱讀素材，每一期的內容都包括了許多生活化的議題，涵蓋了物理、化學、天文、地質、醫學常識、海洋、生物……等各領域有趣的內容，不但圖文並茂，更常以漫畫方式呈現科學議題或科學史，讓讀者發覺科學其實沒有想像中的難，加上內文長短非常適合閱讀，每一篇的內容都能帶著讀者探究科學問題。如今又見《科學少年》精選篇章集結成有趣的《科學閱讀素養》，其內容的選編與呈現方式，頗適合做為教師在推動科學閱讀時的素材，學生也可以自行選閱喜歡的篇章，後面附上的學習單，除了可以檢視閱讀成果外，也把內文與現行國中教材做了連結，除了與現階段的學習內容輕鬆的結合外，也提供了延伸思考的腦力激盪問題，更有助於科學素養及閱讀素養的提升。

老師更可以利用這本書，透過課堂引導，以循序漸進的方式帶領學生進入知識殿堂，讓學生了解生活中處處是科學，科學也並非想像中的深不可測，更領略閱讀中的樂趣，進而終身樂於閱讀，這才是閱讀與教育的真諦。🄯

作者簡介

陳宗慶　國立高雄師範大學物理博士，高雄市五福國中校長，教育部中央輔導團自然與生活科技領域常務委員，高雄市國教輔導團自然與生活科技領域召集人。專長理化、地球科學教學及獨立研究、科學展覽指導，熱衷於科學教育的推廣。

基因改造食物
真相大公開

有人大聲贊成基因改造食物，
有人不遺餘力的反對。
是時候了解這種食物是怎麼來的，
以及種種爭議背後的科學理由。

撰文／龐中培　漫畫繪圖／曾建華

嗯……該選哪個好呢……

就選這個吧！

奇怪，阿文挑豆漿怎麼挑這麼久？

你還在挑啊？

啊！

怎麼啦？這麼難決定？

因為……我想要找非基改的豆漿嘛！

小敏！妳的玉米片用的是基改玉米耶！

欸，真的耶！

成份 Ingredients

玉米（基因改造）、糖、麥芽精華、鹽、維生素(A、B1、B2、菸鹼酸(煙酸)酸、B6、B12、C、D(生D醇))、礦物質(

這樣……這樣不好吧……

隨便拿起某種食品，如果成分裡有大豆，不論是大豆蛋白、大豆油（沙拉油）等，只要沒有註明是「非基因改造」，那就是基因改造的。全世界80％的黃豆是基因改造的，你在不知不覺中，已經吃了許多年的基因改造食物。

為何要改造農作物

人類改造作物其實有很長遠的歷史。在市場上，你可以看到金黃飽滿的玉米、甜美多汁的西瓜，以及酸甜可口的番茄，這些農作物原本的老祖先並不是長這個樣子的。

玉米的祖先是生長在中南美洲的大芻草，看起來很像野草，會分支，種子結得少，但是大約在一萬年前，美洲的原住民開始把大芻草的種

◀左是大芻草，右是玉米。兩者完全不同的長相，讓人很難相信大芻草是玉米的祖先。

子當成主食，並且每年篩選出長得快、果實大、滋味好的種子，隔年播種，如此代代篩選，成為了我們看到的玉米。

而西瓜的野生種生長在非洲，番茄的野生種長在南美洲，結的果實都很小，經過人類長久的篩選與栽培，便有了各種大小與顏色。但是，不論西瓜如何培育，也很難篩選出能夠在寒冬生長的品種；要讓番茄像西瓜一樣在沙地上生長也是一大挑戰。曾有人異想天開，把番茄和同樣屬於茄科的馬鈴薯混合育種，希望得到上面結番茄、下面長馬鈴薯的完美作物……嗯，但我們到目前為止都沒有看到這樣的植物問世。

並不是育種專家不給力，而是這些植物中沒有適合的基因。生物的各種特徵都是由基因和基因的組合方式，或是基因活動的控制方式所產生的，本來就不具有的特徵（基因）無法經由育種達成，例如玉米穗就是棒狀，硬要科學家培植稻穗狀的玉米，他們只能翻桌。

在人口持續增加、糧食需求大增下，若不希望農藥和肥料的用量增加，也不想將更多

圖片來源：：Wikimedia Commons

自然棲地開發成農田，持續改良作物是可行的方法之一。利用遺傳工程的技術，能從其他物種擷取需要的基因轉殖到農作物上，讓它們獲得抵抗害蟲的能力，就能少用農藥、降低環境汙染；或是讓植物能夠耐旱、提高產量等。例如基改黃豆通常含有來自細菌的抗蟲基因，以及來自土壤中鏈黴菌的抗除草劑基因等。

改造植物的技術

用遺傳工程技術改造作物主要有兩種方式：第一種是直接把遺傳物質 DNA 送到植物中，可以在植物細胞上開一些洞，讓DNA 跑進去，或是把 DNA 塗在細微的金屬顆粒（通常是金或鎢）表面，然後「射擊」到細胞中。另一個方法是利用農桿菌，農桿菌有一種特殊的能力，可以把自己體內的 DNA 送到植物細胞中，科學家先把要送給植物的 DNA 放入農桿菌，再由農桿菌「接力」送到植物中，但這個方法不適用於不易受到農桿菌感染的植物。

不論是用哪一種方法，這些有了外來DNA 的植物細胞持續培養後，會長成一團組織，這團組織上冒出小小的芽和根，長大就變成了完整的植物，這些植物結出的種子中也會有外來的 DNA。

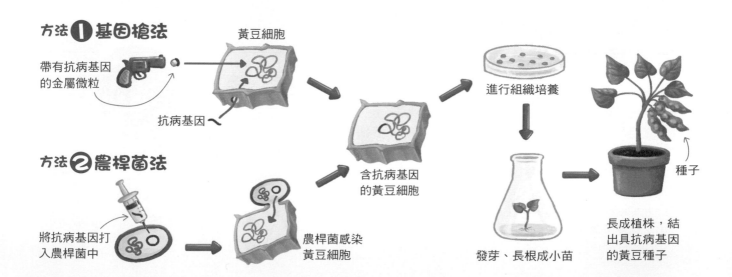

▌抵抗病蟲害

病蟲害輕則造成收成減少，重則讓農作物死亡，如果作物能夠自行抵抗病蟲害，不但能夠增加產量，還能減少農藥或其他防護措施的使用。臺灣的葉錫東教授曾經發展出能夠對抗輪點病毒的基因改造木瓜。不過在臺灣，除了進行實驗，栽培基因改造作物是違法的。改造的木瓜品種曾經大量流出並在市面上販售，現在已經禁止栽培了。另一種方法是把能夠殺死昆蟲的基因放到作物中，例如蘇力菌的毒蛋白（Bt），許多基因改造的玉米、黃豆等作物都含有這種基因。

給植物的新特徵

如果你有能力，會給農作物增添什麼新的屬性呢？提高產量？加快生長速度？這些都是很好的想法，但是在農業一萬多年的育種歷史中，大部分農作物這方面的性能都已經逼近極限。還有一些我們不容易察覺到的功能，像是玉米粒成熟後會一直連接在玉米棒上，而大芻草的種子是會掉落的（如此才能自然播種），玉米粒的這種特性是育種的結果，其他穀物需要藉由「打穀」，才能讓穀粒與穗分離；這多半也是育種的結果，不然在採收之前穀粒就掉了大半呢。

▌延長保存時間

大部分的穀物乾燥以後可以長期保存，或是應該反過來說，種子曬乾之後能夠長期保存的，才會被當成穀物來栽培，但是蔬菜水果就沒有辦法了。在冷藏和運輸技術不發達的時代，蔬果都是在市鎮附近栽培，然而現在有些蔬果會不遠千里運到其他地方，因此長期保持完整成為重要課題。乙烯這種氣體能夠加速果實的成熟（也就是軟爛），因此抑制果實產生乙烯的改造基因，很早就被放入農作物中，這樣的基因改造番茄是最早上市的基因改造作物。

繪圖：曾建華

10

人類持續選種與培育的結果，使得大部分的農作物如果沒有人類的照料就無法好好生長，稻米、蔬菜在野地裡敵不過雜草，果樹沒有修枝施肥就結不出甜美的纍纍果實，灌溉更是不可缺少。但是這些照料往往使用到農藥、肥料和大量的水資源，這正是我們希望能夠減少的部分。因此基因改造作物通常針對這些困境發展。

適應惡劣環境

有些地方不適合農作物生長，因為天氣太熱、水源不足，或是溫度太冷、土壤太鹹。如果在原本無法耕種的旱地或是鹽分較高的鹵地上能夠栽培作物，就可以提升作物的產量。目前用基因工程技術，已經製造出比較抗寒的菸草，以及耐鹽的水稻和番茄等。不過這類農產品遠遠不如黃豆和玉米常見，在臺灣也吃不到。

增添營養成分

身體需要的養分很多，但是沒有一種食物包含所有人體所需的養分，所以我們不能偏食。但是有些地區能夠栽種的作物有限，民眾又窮，買不起從其他地方運輸來的食物，例如非洲就有許多地區的飲食缺乏維生素A，使得夜盲症盛行。有名的黃金米就是含有胡蘿蔔素的基因改造米（人體可自行將胡蘿蔔素轉化成維生素A），這種米至今已在菲律賓、澳洲、紐西蘭、加拿大及美國上市。

對抗農藥

撒在農田裡的，不論是殺雜草、害蟲或病菌的化合物都算是農藥。其中使用量最大的是除草劑，但是除草劑不長眼，無論是作物還是雜草，往往遭到通殺，因此有一些基因改造作物，例如黃豆、玉米、番茄、棉花等，具有能夠分解除草劑的基因。

抗議！抗議！

請跟我們一起反基改、愛地球。

反基改遊行？

我們去看看吧！

我好擔心基因改造作物會造成過敏或癌症啊！

事實上：曾經有論文指出被餵食基因改造食物的小鼠得到腫瘤或是有過敏現象，但是論文已經被撤回了。其他的研究都指出，沒有基因改造作物造成過敏或腫瘤的證據。基因改造作物中往往會有新的蛋白質（例如蘇力菌的毒蛋白），不過作物中常造成過敏的是花生中的蛋白質和小麥中的麩質。目前上市的基因改造作物都要通過安全檢定。

聽說吃到基因改造作物的昆蟲（非害蟲）會死翹翹！

事實上：有實驗結果確實如此呈現。但是在自然的狀態下，這些昆蟲很難吃到致死量，就像是農藥除非用喝的才會有明顯傷害，適當處理的蔬果，農藥殘留量也不會吃到很多嗎？嗯，目前美國已經大量栽種了基因改造黃豆與玉米，但還沒有發現明顯的影響。

拒絕基改
守護孩子

基因改造作物會讓超級雜草誕生！

事實上：沒錯，但產生的原因並不是基因改造作物把抗除草劑的基因經由花粉傳給雜草，而是大量使用特定農藥對於雜草造成很大的演化壓力，使得能夠對抗農藥的雜草迅速演化出來，影響到其他沒有使用農藥的農田，這和人類大量使用抗生素造成「超級細菌」出現的狀況很類似。

人類不應該改造自然，擅自把基因在不同的物種中搬來移去。

事實上：科學家並沒有強到「逆天」，在自然界中早就有這種情況了，稱為基因水平轉移，許多生物（包括人類）都有其他物種本來就存在於自然界，而且也常把各種基因傳播到不同植物用來製造基因改造作物的農桿菌本來就存在於中，前一陣子就發現幾乎所有的地瓜中都有農桿菌所傳遞的外來基因。換句話說，我們目前所吃的地瓜全部都是基因改造作物，只不過操作這項行為的不是人類而已。

生產基因改造作物的種子公司是在剝削農民！

事實上：那些生產基因改造作物種子的公司的確獲利豐厚，而且兼賣農藥，真是兩頭賺。基因改造作物影響廣大，但是種子公司只從事對於獲利相關的研究與推廣，對於能夠抗旱與減少肥料使用的基因改造作物，這些大公司則是興趣缺缺，道德上說不過去。而且，如果農民習慣栽種基因改造作物，那就很容易受到種子公司的控制，比如被迫接受種子漲價。

零基改餐桌

拒當基改白老鼠

哇！好多人！

13

　　有些國家允許種植基因改造作物，如美國、阿根廷；有些國家禁止，如歐盟、臺灣。事實上，有許多基因改造作物的特性用傳統育種也能篩選出來，但花費的時間長很多。因此，你可以把基因改造視為一種更省時、更有效率的育種方法。

　　那為什麼這麼多人害怕基因改造作物？這可能是人類的天性。早期人類在非洲草原過著採集與狩獵的生活，當看到草叢晃動時，要逃跑還是留下來確認？如果留下來，跑出一頭羚羊，你的晚餐就有著落了；但跑出一頭獅子，牠的晚餐就有著落了。怎麼說都是先逃比較好，最多餓一餐。久而久之，人類就演化出對於未知事物保持恐懼的心態。

　　基因改造作物造成的結果是善是惡，端看於我們如何使用。對於還沒有定論的議題應保持開放的心，了解正反兩面的論述與出發點，才能説自己贊成、反對或是存疑。　🈹

作者簡介

龐中培　曾任《科學少年》編輯總監、《科學人》特約撰述，以及《台灣博物》的編輯諮詢委員。

基因改造食物：真相大公開

國中生物教師　江家豪

關鍵字：1. 基因改造　2. 農作物　3. 育種　4. 新特徵

主題導覽

基因改造技術問世後，被大量運用在農業上，創造出抗蟲、抗病或是營養成分更多元的農作物，對農業生產而言是貢獻良多的一項技術。然而，當基因改造食物慢慢普及在生活中，開始出現了質疑的聲音。

人們擔心經過基因改造的農作物是否會影響到身體健康？會不會製造出難以收拾的怪物？或使原有的物種滅絕？種種質疑讓我們不得不反思基因改造技術為人類世界帶來的貢獻與衝擊。

挑戰閱讀王

看完《基因改造食物：真相大公開》後，請你一起來挑戰以下三個題組。

答對就能得到👍，奪得 10 個以上，閱讀王就是你！加油！

◎基因改造指的是把一種生物的基因轉到另一種生物的體內，請根據文章中對這項技術的說明，回答下列問題：

（　）1. 螢光魚是現在市面上常見的觀賞魚種，螢光原本是水母的特性，科學家做了什麼操作才讓斑馬魚成為螢光魚呢？（這一題答對可得到 2 個👍哦！）

①將水母螢光基因轉殖到斑馬魚身上

②讓水母和斑馬魚交配

③把水母的細胞核和斑馬魚的細胞核互換

④用水母來餵食斑馬魚

（　）2. 下列何者難以透過目前的基因改造技術達成？

（這一題答對可得到 2 個👍哦！）

①抗蟲害的黃豆　②抗輪點病毒的木瓜

③能製造胰島素的細菌　④人面獅身的聖獸

（　）3. 基因改造作物的用途很多，但不包括下列哪一項？

（這一題答對可得到 1 個👍哦！）

①增添營養成分　②維持生態平衡

③延長保存期限　④抵抗病蟲害

（　）4. 要將外來基因帶入某種生物的細胞內並不容易，下列何者無法達成目的？

（這一題答對可得到 1 個👍哦！）

①將特定基因夾帶於金屬微粒，透過基因槍射入

②將特定基因混合入飼料後餵食特定動物即可

③將特定基因先注入農桿菌中再感染植物細胞

④將特定基因與病毒基因結合後感染生物細胞

◎有些人反對吃基因改造食物，甚至反對所有基因改造技術的運用，請根據文章所述，回答下列問題：

（　）5. 下列哪一項並非民眾反對基因改造技術的原因？

（這一題答對可得到 1 個👍哦！）

①擔心基改食品造成過敏或致癌

②擔心基改生物破壞生態平衡

③擔心製造出難以收拾的基改生物

④擔心基改作物豐收導致價格崩跌

（　）6. 下列關於基因改造生物與食品的敘述，何者正確？

（這一題答對可得到 1 個👍哦！）

①臺灣不允許販賣基因改造食品

②實驗證明基因改造食品會致病

③臺灣有能力對生物進行基因改造

④無籽葡萄就是基因改造的成果

◎基因改造生物的風險：

電影《侏儸紀世界》中，帝王暴龍的誕生就是科學家利用基因轉殖技術，將迅猛龍、烏賊及樹蛙的基因轉入了暴龍的體內，因此這隻帝王暴龍可以改變體溫避過紅外線的偵測，也可以改變體色隱藏在樹林當中，更具有迅猛龍的高智商。這隻源自於基因改造技術的帝王暴龍，在電影中暗示了許多基因改造生物可能帶來的風險，牠們可能比原生物種更為強悍，也可能取代原來的物種，成為生態系中的頂端消費者，使得底層的生物走向滅絕。這樣的劇情或許有些誇大，卻提醒了人類不該忽視基因改造的風險。

我們除了要擔心基因改造生物成為生態中強勢物種，也要擔心若是基改生物和原生物種發生雜交，基因改造的成果就有可能逃出人類的掌控範圍。一旦發現基改物種會危及人類或生態，那也後悔莫及了！所以關於基因改造的議題，我們都應該更謹慎的面對。

（　　）7.電影中的帝王暴龍暗示了基因改造生物可能帶來什麼衝擊？

　　　　　（這一題答對可得到 1 個👍哦！）

　　　　　①會破壞自然平衡　②會引發新型傳染病

　　　　　③會和烏賊、樹蛙雜交　　④會吃光所有植物

（　　）8.基改黃豆的基因很容易散播到野外，汙染原生物種的基因，主要是因為改造過的基因會透過什麼構造散播出去？（這一題答對可得到 1 個👍哦！）

　　　　　①葉子　②花粉　③果實　④根

（　　）9.下列何者是基因改造技術帶來的好處？（這一題答對可得到 1 個👍哦！）

　　　　　①有利於培育出新的物種　②能解決所有棘手的疾病

　　　　　③能加快物質循環的速度　④能提高生態系中的物種多樣性

延伸思考

1.除了《侏儸紀世界》，還有哪些電影中提及基因改造技術的使用呢？

2.你是否願意吃基因改造食品？為什麼？

3.有空時去逛逛超市，仔細看一下架上食品的成分標示，並列出五樣有使用基因改造作物的商品吧！

4.查查看，臺灣是否允許栽種或飼養基因改造生物？有無相關的法律規範？

這裡當然是樹枝啦，
才沒有茶色夜鷹呢！

圖片來源：達志影像

圖中躲了什麼動物？

動物天生愛模仿

**為什麼這些動物需要模仿呢？可不是為了娛樂表演啊！
這是攸關動物的生存，模仿得愈好愈能避免被掠食者攻擊。**

撰文／曾彥誠

每個動物在面對掠食者的威脅時，都有獨門的求生之道，有些令人匪夷所思、有些則令人感到驚奇，但這些禦敵機制都會發揮它的作用，因為掠食者和獵物之間的關係，就像是一場攻擊與防守的軍備競賽，雙方永無止境的增強自己的戰略和裝備，掠食者武器太弱抓不到獵物就會餓死；獵物躲不過掠食者則終將被果腹。今日我們所看到掠食者與獵物之間的關係，是歷經一代又一代的漫長演化而來。

科學家將動物的禦敵機制，分成初級和次級防禦，對應著掠食者的狀態是「獵捕之前」和「正在獵捕」，如果初級防禦有效，例如獅子、老虎沒發現你，或者從不認為你是食物，就不會發動獵捕，那你大可安心過生活。就讓我們一起認識，動物為了不讓掠食者發現自己的真實身分，而發展出的防身術吧！

當個邊緣動物

離群索居、沉默的、外表非常不出色，極度容易讓人忽略，或是看起來幾乎與環境色相同，是避免引起注意的最好辦法。當個隱形人，麻煩以及掠食者都不會找上門。

一般動物會盡量讓自己的體色與所處環境相似，科學家稱這種現象為「隱蔽」，也就是保護色，使自己隱身在環境當中。我們可以看到綠色的青蛙，可是看不到綠色的北極熊，想像一下如果有一隻綠色北極熊，那牠就太高調了！在一片雪白的北極冰帽上，綠色會顯得相當搶眼。

有看到下圖中的青蛙嗎？這種梭德氏赤蛙一點也不「青」，牠的體色是褐色，與周遭枯枝落葉的顏色非常相像。這種蛙平常就生活在潮濕森林的底層，躲藏在落葉縫隙當中，也吃裡頭出沒的蟲子，到了牠們的繁殖季時，會大量往溪邊聚集，這時候是牠們最容易被發現的時候，當離開了原本躲藏的場所，橫跨馬路時會有被車輛輾斃的風險，而且這樣盛大的聚會也會吸引許多掠食者。

至於梭德氏赤蛙的其他好朋友，比方說下方這隻澤蛙，主要生活在有泥灘地的草叢中，所以在水稻田邊很容易遇到牠，牠的體色就像是一坨爛泥巴上長著青苔一樣，隱蔽效果良好！不過牠的背上怎麼會有一條粗線啊？這叫做「背中線」，有些科學家認為，身上有這樣一條線，在視覺上可打亂身體的輪廓，更不容易被敵人發現。

澤蛙

梭德氏赤蛙

圖中躲了什麼動物？

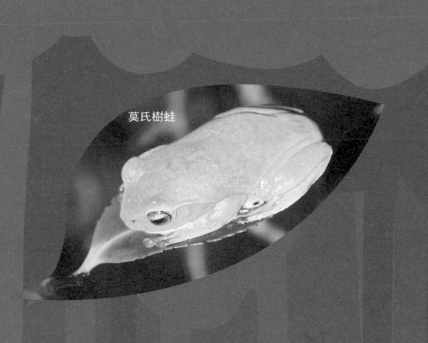

莫氏樹蛙

圖片來源：曾彥誠（赤蛙、壁虎）、Flickr／孫鋒林（澤蛙）、達志影像、Freepik

再來這隻好朋友叫做莫氏樹蛙，稱牠為青蛙應該是當之無愧了，畢竟牠的背部幾乎一整片綠色，腹部則是白色，而牠的大腿內側是紅底帶黑斑。莫氏樹蛙喜歡在枝葉間移動，所以體色就像綠色的葉片。大部分蛙類的體色是綠色或褐色，因為這是大自然中最常有的配色，像草叢和樹葉是綠色，而樹枝和土壤則是棕色、褐色，選擇這兩種顏色在身上最保險了。

不知道你有沒有留意過家中的壁虎，牠們大多是米白色的，沒什麼條紋，但你可知道這主要是因為我們家裡的牆壁導致的嗎？原本野外壁虎的條紋其實很明顯，是模仿樹皮的紋路，但由於家中牆壁大多漆成白色，因此壁虎身體的斑紋愈不明顯，才比較不容易被天敵發現。

另一個為了適應人類環境的例子，發生在 19 世紀的英國，一個叫曼徹斯特的城市，因為工業排放的煤炭煙灰飄散，使附近的樹木顏色變黑，原本棲息在淺色樹木上的胡椒蛾大多是白色型，後來卻變成黑色型居多。

野外的疣尾蜥虎　　　家中的疣尾蜥虎

看我的顏色變變變！

科學家認為，由於白色型胡椒蛾在染黑的樹木上顯得相當醒目，容易被掠食者發現，所以數量減少，才歷經幾十年的時間，已經可以看到天擇演化的力量作用在胡椒蛾身上。我們人類不經意的干擾也會影響到這些動物的隱蔽，使得牠們在演化上漸漸做出改變，以適應外在的環境。

幼齡期的鳳蝶幼蟲

葉䗂

我只是一片葉子

　　如果僅僅體色與背景相似，有時形體還是容易被發現，就像你到了北極就不可能看不到眼前距離你 10 公尺的北極熊。當隱蔽的行為發揮不了太大的作用時，有些動物則發展出超越隱蔽效果的「偽裝」，利用自身外形構造特殊，可以模仿某個物體。竹節蟲可說是這類的代表，牠們幾乎不發出任何聲響，長相顏色也如同枝葉，且行動緩慢。

　　臺灣有種常見的棉桿竹節蟲，分布在低、中海拔的林地，牠們看起來像竹筷子般細細長長，雖然弱不禁風，但不仔細看的話，是難以察覺的哦！如果在移動的時候被認出來是假的樹枝，受到天敵騷擾時，還會散發出像是人蔘的味道來嚇唬對方，否則還有最後一招，就是趁機飛走啦！

　　還有一種竹節蟲「葉䗂」讓人嘖嘖稱奇，讚嘆著是何種神奇力量設計出這樣的生物。葉䗂的原生地是馬來西亞，牠根本就像是一隻「移動的葉片」，媲美霍爾的移動城堡，牠的體態和顏色與葉子幾乎一樣，牠的翅膀上隱約有葉脈的紋路，甚至還有模仿葉片被啃食或有病害的斑點！真想跟牠說：「不要那麼專業好不好！」

　　另外有些動物則是偽裝成天敵不感興趣的東西，像是有些鳳蝶的幼蟲在幼齡期時，看起來滿像鳥糞的。

圖片來源：達志影像、Flickr/ Andy Reago & Chrissy McClarren（鳳蝶幼蟲）、Freepik

貓頭鷹蝶

圖中躲了什麼動物？

還有一種偽裝是眼紋，科學家相當好奇眼紋的功能，也有許多爭論，有人說眼紋是為了破壞身體輪廓，有人說這像是有隻瞪人的眼睛，可嚇唬敵人。上圖這兩隻貓頭鷹蝶停棲的模樣，多麼像是有一對眼睛在看著你！

動物偽裝頂多是模仿某樣物體，而且保持低調，不希望被敵人發現本身的存在；不過有些動物更上一層樓，牠們大搖大擺的模仿另一種活生生的動物，這樣的現象稱做「擬態」，接下來我們來看看兩種經典的擬態。

制服控與學人精

人們通常容易親近一些趣味相投，有共同的想法、目標或遭遇的人，這樣的行為其實會使我們彼此愈來愈像，甚至還會穿上群體專屬的制服，並且覺得很光榮，代表自己是其中的一員。

「穆氏擬態」（Müllerian mimicry）簡單來講就是一群不同的有毒動物，歷經長期天擇作用下，彼此互相模仿而發展出類似的形態或體色，藉此警告天敵牠們可能有毒或是不好招惹。

膜翅目昆蟲中的蜜蜂，蜂窩裡的成員主要是雌性，外表是黃黑相間的警戒色，告訴所有生物「她們」可不好惹：「千萬別來侵擾我們的家園，我們會以毒針和團結抗敵的心來回應。」就像武俠小說作者金庸筆下的峨嵋派，大多是自立自強的尼姑，武功招式狠辣厲害，讓人看到她們就退避三舍。

同為膜翅目昆蟲的虎頭蜂，也擁有黃黑相間的警戒色，牠們更是以攻擊性強而聞名，牠們體型更大，而且不像蜜蜂螫人時會因為毒針脫離身體，導致蜜蜂隨後死亡；虎頭蜂的毒針不會脫落，所以可以不斷螫刺，更可怕的是，有些虎頭蜂還會去攻擊蜜蜂的窩！

大夥兒快集合，把敵人趕出家門！

虎頭蜂（箭頭處）入侵蜜蜂的巢。

牠們哪裡不一樣？

淡紋青斑蝶

小紋青斑蝶

小青斑蝶

食蚜蠅

大青斑蝶

鹿子蛾

食蚜蠅

熊蜂

琉球青斑蝶

圖片來源：Flickr／Jonathan Leung（淡紋）、dany13（小紋）、Akira Takiguchi（大青斑）、Hafiz Issadeen（琉球）

圖中躲了什麼動物？

提到穆氏擬態就得提到青斑蝶。其實青斑蝶是一大群長有閃亮綠斑紋的蝴蝶的通稱，牠們分成許多種類，如大青斑蝶、琉球青斑蝶及淡紋青斑蝶等，而牠們都具有毒性！青斑蝶的毒性來自於幼蟲時期愛吃的植物（食草），蘿藦科的歐蔓或華他卡藤，從小牠們就一口一口的把食草內的毒素累積在體內，維持到化蛹或變態為成蟲。蝴蝶面臨的頭號天敵就是鳥類，鳥類通常有不錯的記憶力和學習能力，如果牠們發現這種斑紋的蝴蝶有夠難吃，下次就不會吃這群蝴蝶了。

所以學人精有時候學得好也算是一技之長，很多動物都靠這伎倆過活，而且還非常有效！

而另外一種「貝氏擬態」（Batesian mimicry），則是指無毒的動物模仿另一種有毒動物的樣子，以誤導天敵。前面我們提到蜜蜂有黃黑相間的警戒色，而我們日常生活中的交通號誌也使用這種配色呢！鐵路平交道和安全島都是漆上黃黑相間的條紋來警示用路人。

在自然界中有許多無毒的動物也具有黃黑警戒色。例如鹿子蛾，腹部有黑黃條帶，造

訪花朵時猛然一看，還真像蜜蜂，只是牠沒有像蜜蜂一樣嗡嗡嗡，也沒有毒針。

還有食蚜蠅，大大的複眼搭配著黃黑相間條紋，看起來更像隻蜜蜂。牠們種類非常多，體型有大有小，從名字就知道，牠們可是吃蚜蟲出名的，大多食蚜蠅喜愛在布滿蚜蟲的植物上產卵，待卵孵化後，幼蟲就盡力的吃蚜蟲，據說每隻食蚜蠅一天可以吃掉100多隻蚜蟲，是幫助農民除害蟲的益蟲。

不過披著狼皮的羊還是會有被發現的一天，雖然擁有這種配色，但從體態和行為上終究會被天敵識破，否則大家都擬態成蜜蜂就好了。如果模仿黃黑相間配色的動物數量比蜜蜂多上許多的話，會發生什麼事呢？——這種擬態的作用會漸漸無效！因為掠食者最後會知道，這些黃黑色的動物通常不是蜜蜂，沒有毒性，可以大快朵頤！

動物們各個都有不同的禦敵機制，最好擁有十八般武藝，或是身懷絕技才能安全的在江湖上走跳，因為地球是很危險的！ 科

學術命名小知識

在文章中出現的「梭德氏」赤蛙、「莫氏」樹蛙、「穆氏」擬態、「貝氏」擬態等等，這些 XX 氏就是某位科學家以自己的姓氏來稱呼他發現的動物或者現象。不過有些科學家不好意思使用自己的姓氏，會採用另一位更有威望的科學家的姓氏來命名，以紀念或宣揚那位科學家的貢獻。

作者簡介

曾彥誠 嘉義大學生物資源研究所畢業，立志當生物學家，覺得演化生物學和生態學是人生的真理。天擇不會創造完美生物，就像你和我，還有這個社會。

圖片來源：Flickr/ LiCheng Shih（小青斑）、John Flannery（食蚜蠅）、S. Rae（熊蜂）、達志影像；繪圖：曾建華

動物天生愛模仿

國中生物教師　蘇敬菱

關鍵字：1. 擬態　2. 保護色　3. 偽裝

主題導覽

本文透過精挑細選的照片讓讀者仔細觀察、尋找正在玩捉迷藏的動物，由此提升讀者的好奇心及想追根究底的態度。自然界有些動物的體色及形態能夠幫助牠們躲藏隱蔽在環境中，這樣就不易被天敵發現，避免被捕食；有些肉食動物則是隱身在環境中，讓人忽略牠的存在，而能靜靜等待獵物送上門來，順利捕食。前者如本文中提到的竹節蟲、枯葉蝶等；後者如有些魚類長得很像珊瑚或岩石，在珊瑚礁中捕食，還有生活在馬來西亞與印尼的蘭花螳螂，牠的體色不是一般螳螂的綠色系，而是白色系、粉紅色系，可隱身在同為白、粉紅色系的蘭花花朵上，伺機捕食獵物。

挑戰閱讀王

看完〈動物天生愛模仿〉後，請你一起來挑戰下列問題。

答對就能得到👍，奪得 10 個以上，閱讀王就是你！加油！

（　　）1. 下列何種描述是在說明「擬態」？（這一題答對可得到 3 個👍哦！）

①搬到新的地方獲得食物　②看起來像另一種不同的動物

③用尖銳的牙齒捕捉獵物　④保持厚厚的皮毛保暖

（　　）2. 某地區樹林中棲息著一種蛾，依身體顏色可分為深色蛾及淺色蛾，其主要天敵為鳥類。右圖為 1940～1980 年間深色蛾及淺色蛾分布比例變化的示意圖，請問最合理的解釋應為何？（這一題答對可得到 3 個👍哦！）

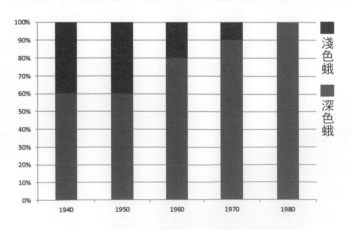

①淺色蛾具有較佳擬態的結果
②深色蛾被鳥類大量捕食的結果
③深色蛾在此環境中較淺色蛾存活率高
④淺色蛾學習到不被鳥類捕食的新技能

◎在擬態科學研究上一定要提到「貝氏擬態」與「穆氏擬態」，這兩個理論是在 19 世紀中葉，分別由英國博物學家貝茨與德國生物學家穆勒所提出。「貝氏擬態」就像披了虎皮的小綿羊，小綿羊具有許多兇猛的天敵，有天牠竟披上了虎皮，讓天敵誤認為是虎，不敢攻擊，因而找到生路逃出。例如有些蛇不具毒性，外觀卻和同樣有黃黑色條紋的胡蜂極相似，以誤導嚇阻捕食者。而「穆氏擬態」就像具有共同特質的不同個體，為了表現出其特質而穿了團體制服，也因團體制服而互蒙其利。例如有些具有毒素的或難吃的青斑蝶，翅膀上多半具有相似的紋路與色澤，以避免天敵捕食。

(   ) 3. 有些動物利用體色與周遭環境相似來避免天敵捕食，有的甚至連形態也會模擬環境。下列哪個生物不符合上述敘述？

（這一題答對可得到 3 個 👍 哦！）

①孔雀開屏　②竹林裡的青蛇　③樹葉間的樹蛙　④樹枝旁的竹節蟲

(   ) 4. 許多動物使用擬態來保護自己免受食肉動物的侵害。下列哪個動物屬於「貝氏擬態」？（這一題答對可得到 3 個 👍 哦！）

①有著黃黑相間體色的虎頭蜂
②有著黃黑相間體色的食蚜蠅
③食草具有毒素的青斑蝶
④落葉中休息的枯葉蝶

延伸思考

1. 假如提供100隻綠色蝗蟲和100隻褐色蝗蟲、一隻雞、一個夠大的網子及一塊有圍牆的草地（草地上原來沒有蝗蟲）。請設計一個可說明「具有保護色可避免天敵捕食」的實驗。（請仔細說明你的實驗設計裝置、控制變因、操作變因）

2. 你現在是漆彈對戰遊戲公司的服裝設計師，請你依照對戰環境的差異，為「山區樹林漆彈對戰」小組與「城市漆彈對戰」小組分別設計適合的服裝，並說明你的設計理念。

延伸閱讀

　　竹節蟲的擬態行為：按照達爾文的解釋，生物的保護色和擬態是由自然選擇決定的。生物在長期的自然選擇中，漸漸形成了各式各樣的保護色，保護色與擬態的表現必須配合生物生存的環境與生活習性。如枯葉蝶停棲在樹枝上、落葉中，像一片片枯樹葉融入了環境，但如果停在綠色草地上卻變得顯眼突兀。竹節蟲也是，除了體色，牠的體態也像竹節枝條；停留在枝條上，叫人難以分辨。

　　這種偽裝行為怎麼來的呢？竹節蟲祖先的長相原是不盡相同的，有的像枝條，有的不像枝條。在樹林環境中，外形像枝條的個體不易被天敵發現，而不大像枝條的個體常被天敵吃掉。容易存活的個體較有機會生下後代，經由遺傳，後代像枝條的可能性也較大，經過漫長的自然選擇、繁殖後，體色形態的特徵會強化、保留下來，竹節蟲就愈來愈像竹節枝條了。

開啟抗生素時代 弗萊明

青黴素（也譯為「盤尼西林」）是人類使用的第一個抗生素，自發明以來挽救了數以百萬計的生命，也象徵著人類歷史上新紀元的到來。弗萊明（Alexander Fleming）是第一位發現青黴素的人，因而於 1945 年與弗洛里和錢恩共獲諾貝爾生理醫學獎。

撰文／水精靈

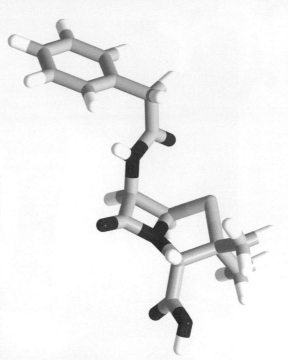

還記得日劇「仁醫」中，主角南方仁在江戶時代（1603～1867 年）做出盤尼西林，讓治療梅毒不再不可能。不過事實可能要讓日劇迷失望了，真正做出盤尼西林是近半世紀的事，也不是日本人首先做出來的。

弗萊明於 1881 年出生於農夫家庭，生活清苦。雖然如此，他的母親仍非常重視子女的教育，在他 10 歲時送他到附近一所學校就讀。不管是寒冬還是酷暑，小弗萊明每日步行約七公里的路程上下學。雖然求學過程相當辛苦，但是他的成績始終名列前茅，獲獎無數。

在聖瑪莉醫學院求學

在 20 歲那一年，弗萊明在大哥的鼓勵之下，參加並通過了聖瑪莉醫學院的入學考試。接下來，弗萊明像是吃了聰明膠囊般，幾乎每科考試都拿 100 分，不僅展現了追求學問的旺盛企圖心，還為了克服個性內向，參加戲劇社、射擊隊等社團。

1906 年，他以優秀的成績畢業，並進入疫苗治療學家萊特爵士所主持的預防接種站工作，弗萊明也就是在這裡，完成了許多重要的實驗與發現。兩年之後，他更以一篇《急性細菌性感染》的論文，榮獲倫敦大學的金質獎章與聖瑪麗醫學院頒發的獎牌。1909 年，弗萊明通過了英國皇家外科學會的考試，不過他終其一生並未以外科為專業，而是將心力傾注在研究上。

國軍 Online

弗萊明在進入萊特的研究小組後，很快表現出他的即戰力。他不僅發明了一些新的實驗方法並製作測試的儀器，

弗萊明 小檔案

- 1881 年出生於蘇格蘭愛沙爾附近的洛區菲爾村，世代以農為業。

- 20 歲時成為聖瑪莉醫學院的學生。

- 25 歲進入萊特所主持的預防接種站工作，在這裡完成了許多重要的實驗與發現。

- 40 歲發現一種可以溶解細菌的物質「溶菌酶」。

- 47 歲發現青黴素，開創了抗生素領域，因而聞名於世。

- 64 歲因為青黴素的研究，獲得諾貝爾生理醫學獎。

- 74 歲辭世。

圖片來源：Wikimedia Commons

33

如果你還沒準備好，
就無法看到
機會向你伸出的手。

圖片來源：Wikimedia Commons/CDC/Don Stalons、達志影像

還使用以砒霜為基礎的藥物——砷凡納明（Salvarsan 606），進行梅毒的臨床治療，因此被稱為「606大兵」！

不過，正當他磨刀霍霍、準備朝向傳染病領域殺出一條血路時，第一次世界大戰爆發了。弗萊明以中尉醫官的身分加入英國皇家陸軍醫療隊，被派往法國，弗萊明在那裡看到很多傷兵受細菌感染、化膿而死去，即使在手術前做了消毒滅菌也枉然。於是他從病患的傷口分離、培養與鑑定那些致命的細菌，並發現當時治療使用的抗菌劑是有毒的！為此他改善了評估抗菌劑的試驗方法，並成功防止了傷口遭到細菌感染。

戰爭結束之後，弗萊明再度回到聖瑪莉醫院。他下定決心要尋找一種有效藥物，治療人類的細菌性感染疾病。於是，他設立了一個簡陋的實驗室，開啟抗菌方面的研究。

1921年，弗萊明發現了「溶菌酶」，顧名思義，那是種存在於動植物組織中，能夠溶解病菌的生物酶。當時，感冒的他無意中對著裝細菌的培養皿打了噴嚏，發現在培養皿內沾有鼻涕的地方竟然沒有細菌生成，意味著自己的鼻涕中有種可以溶解細菌的物質，他把它命名為「溶菌酶」。原以為這就是獲得有效天然抗菌劑的關鍵，甚至可以製成疫苗或藥物，然而他很快就對此喪失興趣，因為這種溶菌酶只對無害的微生物起作用，面對較頑強的細菌幾乎無用武之地。

此次的失敗固然可惜，但從中獲得的經驗卻為弗萊明悄悄打開了青黴素的大門。

幸運女神降臨

1928年9月，弗萊明一腳踏進實驗室，看見恆溫箱的箱門敞開，內心暗叫一聲「不

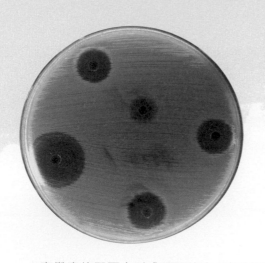

▲青黴素的周圍會形成明顯的生長抑制圈。
▶顯微鏡下的青黴菌，可看到形狀像筆一樣的筆狀體構造，其尖端上帶有孢子。

好」。原來幾個星期前，他外出休假，臨走前忘了把放培養皿的恆溫箱關緊，就這樣正對著窗檯。由於他在實驗室裡培養大量的細菌做為實驗之用，對於自己的粗心大意，他只能搖搖頭苦笑。（培養細菌不是件有趣的事。將菌種放在培養皿中，然後餵它幾滴培養液，慢慢觀察它的成長形態。好比你把喝剩的珍珠奶茶置於空氣中，裡面的粉圓會隨著天數慢慢變大一樣。）

不過依照慣例，他還是準備取出培養皿中的葡萄球菌觀察。正當他拿起工具時，眼睛往培養皿一瞄，培養皿上的菌種果然少了很多，他心想可能是從窗外隨風飄進來的雜質，汙染了培養皿。他嘆了口氣，拿到垃圾桶旁準備倒掉，並重新培養。就在倒掉之前，他望著手上的培養皿好一會兒，突然愣了一下，旋即把培養皿重新放回顯微鏡底下，這一看可不得了！

一叢綠色的不知名黴菌正吞噬著葡萄球菌，一點一點的擴散勢力範圍。在這種綠色菌落的四周並沒有任何細菌生長，形成一個明顯的生長抑制圈！他恍然大悟：「從窗外掉進來培養皿的黴菌產生了某種化學物質，抑制了細菌的生長，或許有殺菌的作用！」

為了確定自己的假設，他找來其他種類的桿菌、球菌來測試，實驗結果發現，在某種比例下，幾乎可以讓這些細菌被黴菌吃光。他把這種黴菌（後來命名為青黴菌）分離出來加以培養，並發現培養後的汁液中含有一種可以殺死細菌的物質，他把這種殺菌物質稱為「青黴素」，並將這個現象發表在1929年的《英國實驗病理學期刊》。

只是這種青黴素有個極需克服的難關。有天他到醫學院發表演說，臺上的他滔滔不絕的說明青黴素的功用，突然間有人舉手發問：「請問你有沒有青黴素用於人體臨床實驗的結果呢？」只見弗萊明揮揮額頭上的汗水，結結巴巴不知如何繼續。

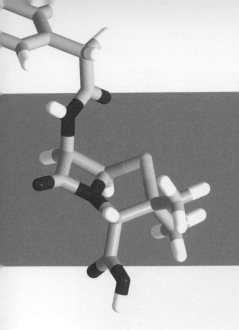

我和微生物玩遊戲，當然，這個遊戲中有很多規則⋯⋯
但是，當您獲得知識和經驗，得以打破規則，
並找到沒人想到的東西時，會感到相當愉快。

重點來了，人體臨床實驗時，總不能把青黴素直接注射到體內吧！如何提煉純化的青黴素就成了眼前最需要解決的問題。不過，當時的弗萊明缺乏這項關鍵技術，加上磺胺類藥物的出現，人們普遍對青黴素的報告不感興趣。磺胺類藥物是青黴素還未普及時用於治療感染的藥物，但是這種藥會大量殺死人體的白血球，病人的抵抗力反而變弱，更加速了死神的召喚，正所謂：「殺人三千，自損一萬。」

純化青黴素

在整整 10 年之後，純化的接力棒才開始傳遞下去。1939 年，一位名叫錢恩的化學家與希特利，從牛津大學的病理學家弗洛里取得了一些青黴菌樣本，並對應著 10 年前弗萊明發表的文章，又開始做起純化實驗。

值得一提的是，他們甚至不曉得弗萊明是否仍然在世（這就好比我們讀十幾年前的論文時，常會認為作者已經入土多年）。他們提煉出些許的青黴素，雖然純度不到 1%，仍直接注射在白老鼠身上，並確認了療效。

他們算了算，要提煉出能用於人體治療的藥，得用掉的培養液差不多可以裝滿一輛「載卡多」貨車。

1940 年 8 月，弗洛里與錢恩、希特利共同發表了第一篇青黴素動物實驗的文章。沒多久，弗萊明便打電話給弗洛里，要求前往拜訪。當他們一聽到電話那頭是弗萊明，便歡呼：「上帝真是好！我還以為他已經去世了呢！」

某天，弗萊明從倫敦來到了牛津大學，劈頭就沒好氣的說：「我是來看看，你們對『我的』青黴素做了些什麼事。」明眼人一聽，就知道是來嗆聲的，心裡自然不舒服。雖然如此，弗洛里仍詳細介紹了每項工作的細節，並送給弗萊明一些純化的樣本。弗萊明除了提出一些問題外，幾乎沒有說話，也沒有任何的道賀之詞。

返回倫敦後，弗萊明測試了弗洛里團隊分離的青黴素，發現含量比他之前得出的都高，於是寫信給弗洛里：「只有靠貴團隊將其中有效成分純化，並進行合成，青黴素才能出頭天！」

圖片來源：Wikimedia Commons

展開臨床實驗

　　1941 年，一位倫敦警察刮鬍子不慎刮傷臉部，遭到細菌感染引發敗血症。他的臉部腫脹，發著高燒，奄奄一息的躺在病床上。他的醫生嘗試用磺胺類藥物進行治療，但是沒有效果。

　　眼看他就快要死了，弗洛里與錢恩決定把剛從實驗室純化出來的青黴素注射到他體內。經過五天的治療後，病情改善了，可惜所有的青黴素都用完了，他的病情再度惡化，最後不幸去世。這次失敗的經驗使他們了解到，青黴素的確有效，但必須準備足夠的劑量才行。

　　不久，他們再次進行了青黴素的臨床實驗。這次是針對一名 15 歲罹患壞疽而瀕臨死亡的男孩。鑑於上一次的經驗，弗洛里這次準備了充足的青黴素，男孩最終痊癒出院，接下來又相繼救了六位病人的性命。後來，弗萊明也親眼見識到青黴素的神奇功效：他的朋友罹患腦膜炎而陷入昏迷，於是弗萊明向弗洛里要了一批純化的青黴素，並遵照弗洛里的囑咐，小心控制劑量。用藥之後，這位瀕死的病人在一個月後奇蹟般完全康復，出院後還大力推薦這種新藥，使得弗萊明成為各家報社爭相採訪的對象，青黴素也變成當時新聞界的寵兒。

　　為了製造更多這種新藥，加上倫敦時值第二次世界大戰之際，弗洛里帶著希特利轉往美國尋求支持。他們離開英國時，除了隨身攜帶青黴菌的樣本外，還將孢子灑在衣服上，萬一遭到任何意外遺失了行李，至少還可以從衣服上取得菌種進行培養。

　　弗洛里與希特利在美國被安排前往農業部的研究實驗室，藉由一種大型發酵槽不斷攪

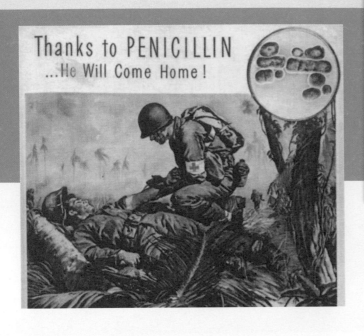

◀青黴素挽救了許多二戰時期的軍人。海報上寫著：多虧青黴素，讓傷兵可以平安回家！
▲二戰末期開始量產青黴素。1944 年，張貼在路邊郵箱上的宣傳海報，寫著青黴素的「神奇療效」。

拌及打入空氣進行深槽培養，並利用玉米抽取澱粉後剩下的大量殘渣來培養青黴菌，由原先的每毫升僅含 4 單位提升到 40 單位，產量足足提高 10 倍！

另外，美國一些大學與藥廠也參與青黴素的生產研究，在二戰末期，美國單月產量已高達 6400 多億單位；其價格也從每百萬單位 400 美元降至 6 美元，青黴素得以商業化生產，成為有史以來第一個商業化成功的抗生素，也開啟了人類醫療史上的新紀元。

諾貝爾獎的榮耀

由於青黴素在戰場上挽救了無數的軍人生命，弗萊明在 1943 年被選為英國皇家學會的會員。1944 年他被冊封為爵士，獲頒皇家醫學會的金質獎章，還榮登了《時代雜誌》的封面人物。1945 年，弗萊明、錢恩和弗洛里三人獲得了諾貝爾生理醫學獎。

有一次，弗萊明受邀到一個現代化的實驗室演講。這個實驗室不僅光鮮亮麗，儀器設備先進，還有當時不多見的中央空調，整個實驗室一塵不染。

實驗室的負責人對弗萊明說：「當初您如果能在這樣的實驗室從事研究，一定可以有更多的發現。」弗萊明聽了只是淡淡的回答：「我想也是，但是肯定不會是青黴素。」

原來弗萊明當年的實驗室非常簡陋，也因此才有這樣的機緣，讓黴菌孢子從窗戶外頭掉進他的培養皿之中，使他發現青黴素。而那些擁有豪華實驗室的人，也只能望塵莫及。無論我們身處在哪一種環境，都不必羨慕旁人，對每個人而言，機會與幸運都是公平的，只看自己是否用心去把握。

專利共享？

時間拉回到二次大戰之前，就在弗洛里致

圖片來源：Wikimedia Commons

▲世界各地為感念弗萊明的貢獻,紛紛發行紀念郵票,這張是 1983 年由法羅群島所發行的郵票。

我家那個放了三個月的檸檬上,長的就是青黴菌對吧!

蛤?三⋯⋯三個月?

力於青黴素人體臨床實驗之際,對於青黴素的純化有卓越貢獻的錢恩打算把其中一些關鍵技術申請專利,卻遭到英國皇家學會會長與醫學研究委員會祕書長的反對,弗洛里也因此與錢恩起了爭執。

弗洛里認為,知識是由全人類所共享,青黴素的研究成果應該也是如此。錢恩卻覺得申請專利才是王道。

弗洛里:「德國出生的人都這麼務實嗎?」

錢恩:「很抱歉,我只相信眼前事實。」

弗洛里:「是這樣嗎?其實,我不相信專利這東西。」

就這樣,只要有人因專利而得利,友情與科學也敵不過商業利益的侵蝕,更擋不住現實的殘酷。當初,青黴素在美國量產成功,便馬上申請了專利,於是很諷刺的,在二次大戰之後,英國這個研究青黴素的始祖要生產青黴素時,必須向美國藥廠購買專利!錢

恩更是毫不客氣的公開批評道:「我早就告訴你們了吧!」對英國人而言,真是有股淡淡的哀傷。

弗萊明一生總共獲得了 25 個名譽學位、15 個城市的榮譽市民與其他 100 多項的榮譽,包括諾貝爾獎。回顧他的人生,發現青黴菌的過程彷彿是一連串的巧合,但是看到那一個被汙染的培養皿的人絕不只有他。與其說他運氣很好,倒不如說他擁有觀察入微、仔細求證的科學精神,這也是成為一位偉大科學家的重要因素。老天爺並不會幫助沒有準備的人,成功更不會從天而降,這是值得我們學習的地方。

作者簡介

水精靈 隱身在 PTT 裡的科普神人,喜歡以幽默又淺顯易懂的方式與鄉民聊科普,真實身分據說是科技業工程師。

繪圖:曾建華

開啟抗生素時代——弗萊明

國中生物教師　江家豪

關鍵字：1.弗萊明　2.細菌　3.疾病　4.青黴素　5.抗生素

主題導覽

　　在抗生素問世以前，細菌造成的疾病非常棘手，也導致許多人的死亡。弗萊明不論作為醫生或是研究者，都致力於研究「如何消滅引起疾病的細菌」。然而這偉大的發現來自於偶然，某天弗萊明發現自己培養的細菌出現了很多「空白處」，原本想隨手丟掉「培養失敗」的培養皿，但還好最後他做出了不同的決定。他將培養皿拿到顯微鏡下觀察，發現了青黴菌，然後提煉出青黴素，開啟了抗生素的時代。

挑戰閱讀王

看完〈開啟抗生素時代——弗萊明〉後，請你一起來挑戰以下三個題組。

答對就能得到👍，奪得 10 個以上，閱讀王就是你！加油！

◎根據文章的描述，請回答下列關於弗萊明生平事蹟的問題：

（　）1.下列關於弗萊明的生平描述何者正確？（這一題答對可得到 1 個👍哦！）

　　　　①將青黴素提煉技術申請專利

　　　　②是第一個成功純化青黴素的人

　　　　③是一位優秀的外科醫生

　　　　④曾獲得諾貝爾獎

（　）2.弗萊明發現青黴菌的培養皿，最初是為了培養何種物質？

　　　　（這一題答對可得到 1 個👍哦！）

　　　　①溶菌酶　②細菌　③黴菌　④病毒

（　）3.因青黴素而獲得諾貝爾獎的人不包含下列何者？

　　　　（這一題答對可得到 1 個👍哦！）

　　　　①弗萊明　②錢恩　③希特利　④弗洛里

◎抗生素是人類醫療史上的一個重要發現，試著利用文章內容，回答相關問題：

（　　）4. 最早的抗生素是由何種物質中提煉出來的？

（這一題答對可得到 1 個 👍 哦！）

①青黴菌　②葡萄球菌　③鼻涕　④橘子

（　　）5. 下列何種疾病無法以抗生素有效治療？（這一題答對可得到 1 個 👍 哦！）

①梅毒　②敗血症　③新冠肺炎　④壞疽

（　　）6. 擁有青黴素提煉專利的國家為下列何者？（這一題答對可得到 1 個 👍 哦！）

①英國　②中國　③日本　④美國

◎抗生素的作用機制與危機：自從青黴素的效用被發現以後，大量的抗生素被用於治療細菌引起的疾病，挽救了許多病患的生命。過去大家聞之色變的疾病，像是梅毒、霍亂……等，似乎都得到了解藥，能在抗生素的治療下逐漸康復。

然而抗生素並不是萬用靈丹，它的治療效果往往侷限於細菌引起的疾病，主要原因是它的作用機制。抗生素之所以可以對付細菌，是因為它可以破壞細菌的細胞結構，或者抑制細菌的生理代謝，以達到殺死或抑制細菌活性的目的。

以最早被發現的青黴素為例，它就是破壞細菌細胞壁的合成，讓細菌邁向死亡。

然而，隨著愈來愈多類型的抗生素被發現，對於這個殺菌靈藥的使用也就愈來愈氾濫。這樣的情況不免讓人憂心，科學家深怕有些細菌能躲過抗生素的作用，存活下來後大量繁衍，就有可能形成具有抗藥性的超級細菌，到時人類恐怕又會陷入細菌性疾病的威脅中，也因此抗生素的使用愈是普遍，就愈該謹慎。

（　　）7. 青黴素之所以可以殺死細菌，是因為它可以破壞細菌的何種構造？

（這一題答對可得到 2 個 👍 哦！）

①細胞壁　②細胞膜　③粒線體　④DNA

（　　）8. 關於抗生素的描述何者正確？（這一題答對可得到 1 個 👍 哦！）

①抗生素種類多元　②抗生素能活化白血球

③抗生素能分解病毒　　④抗生素能治癒所有疾病

（　　）9. 關於超級細菌的描述何者正確？（這一題答對可得到 2 個 👍 哦！）

①可能是因為細菌攝取過量抗生素而形成抗藥性

②可能是少數具有抗藥性的細菌僥倖存活後繁衍而來

③超級細菌可以生產大量的抗生素

④新冠肺炎就是由超級細菌所引起的疾病

延伸思考

1.你是否曾因為疾病而服用抗生素？醫生會交代服用抗生素要完成整個療程，不能自行停藥，這是什麼原因呢？

2.翻翻看家裡的創傷藥膏，裡面哪些成分可能是抗生素呢？

3.如果你是青黴素的發現者之一，你會去申請專利嗎？為什麼？

4.查查看，近幾年有不少關於超級細菌的新聞報導，有哪些超級細菌呢？

5.做做看，模仿日劇《仁醫》用橘子培養青黴菌，並觀察青黴菌的樣子吧！

森林裡的小精靈 樹蛙

牠們的身軀小巧玲瓏、大多五公分上下，
濕滑的皮膚在樹林間透著晶瑩亮光，
彷彿小精靈一般。

撰文／劉于綾

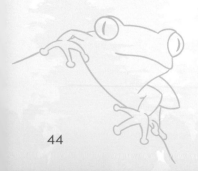

圖片來源：Flickr/Analise Zocher

圖片來源：達志影像‧Flickr/ Brian Gratwicke（紅眼）、Paul Balfe（保水）、Tom Taker（花）、Rushen（繁殖）‧繪圖：曾建華

聽聽蛙的叫聲
掃描 QR code 進入網頁後，點選每種青蛙的詳細資料，聽聽牠們的叫聲，有像鳥鳴的，也有像狗叫的，讓你意想不到喔！

記得小時候常常跟著爸爸媽媽去爬山，當時最高興的就是可以看到好多的昆蟲、動物。其中一次我的印象特別深刻，在路邊的橘色大水桶裡，看到了好多黑黑的小蝌蚪，不只如此，再仔細一看，有一隻隻綠色的迷你青蛙，趴在桶壁上休息，大概只有一元硬幣的大小，模樣超級可愛；於是我央求爸媽，讓我帶一些回家養，禁不住我的苦苦哀求，爸媽讓我帶了十來隻的小青蛙回家。回到家，我開心的把牠們放到水族缸裡，整個晚上盯著看。直到爸媽催我去睡覺，才依依不捨的離開水族缸。結果隔天早上醒來一看，只剩下一兩隻，怎麼會這樣呢？

青蛙愛上樹

長大後，回想起這段小時候的記憶，啊！原來我當時帶回家的青蛙是一種樹蛙。為什麼牠們會不見呢？因為樹蛙最厲害的，就是爬牆、爬樹、爬玻璃，所以從水族缸裡逃亡自然難不倒牠們。

綠綠、小小的樹蛙好可愛～

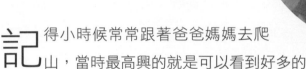

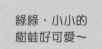

我也來保水一下～
啊，好想睡……

保水姿勢

一般我們印象中的青蛙，都是生活在池塘邊、田裡或是小溪旁，樹蛙比較特別，大部分棲息在森林裡，如喬木、灌叢、姑婆芋或是潮濕的土壤中。在林中生存的樹蛙，腳趾擁有特殊的「吸盤」構造，能夠方便的在樹上移動，而在臺灣，這群有吸盤的蛙類，分別屬於樹蛙科（Rhacophoridae）及樹蟾科（Hylidae）。

跟人類相反，樹蛙是夜行性動物，白天多半都在睡覺，但為什麼我們很難看到休息中的樹蛙呢？蛙類不像其他脊椎動物，身上有角質、鱗片或是毛髮保護，強烈的陽光會傷害牠們的皮膚，使得體內的水分蒸散，因此牠們休息時，多半會躲在較為潮濕隱密的地方，像是葉背或是潮濕的土堆中，並將身體和四肢緊緊貼在一起，平貼著表面，減少體表面積；這種姿勢稱為「保水姿勢」，可減少水分散失。

樹蛙平時單獨棲息在森林中，但到了繁殖季節，牠們就像是大遷徙般的往水邊移動，森林中積水的樹洞、池塘、溪流，甚至連廢棄積水的水桶、浴缸、馬桶，都是牠們繁殖群聚的地點。到了水邊，雄蛙會藉由鳴囊共鳴放大清脆的叫聲，來吸引遠方雌蛙的注意。雖然很多種樹蛙的繁殖季節有重疊，會同時在水邊鳴叫，但每種樹蛙的叫聲不同，所以只會吸引到同類，並不會發生雜交的現象。有些樹蛙會將卵產在水邊的葉子、樹枝上，為了防止沒有卵殼的卵乾掉，父母親會在卵的外面製造一大坨像泡泡一樣的保水構造，稱為「卵泡」。

▲樹蛙產卵後，會用後腿不斷踢打覆蓋在卵上的黏液和空氣，像做蛋糕時把蛋白「打發」一樣，產生豐富的泡沫。

圖片來源：達志影像‧Flickr/ gailhampshire（保水）evandenfy（吸盤），繪圖：曾建華

等到卵泡中的蝌蚪孵化後，牠們會扭動身體鑽出卵泡，「撲通」一聲，掉入下方的水中，開始下一階段的生活。蝌蚪主要是以水中的藻類、腐屑、浮游生物為食，偶爾有小動物、小昆蟲不幸落入水中，就好像幫牠們「加菜」一樣，有新餐點可吃。

黑蹼樹蛙

斑腿樹蛙

羅氏雨濱蛙

形形色色的外表

說到樹蛙，大家第一個想到的是綠色青蛙，但其實樹蛙的顏色繁多，像是黃色、橘色、咖啡色、淺綠色或深綠色等。牠們身上的花紋也各有學問，有些在大腿內側有橘黑相間的斑紋、眼睛旁邊有金色的線或是背上有 X 狀的花紋。這些花紋可不只有裝飾作用，還可以干擾身體輪廓，讓掠食者看不清楚，可逃避牠們的捕食。蛙類皮膚中的色素

細胞有三層，分別為表層的黃色素細胞，中間的虹彩細胞，底層的黑色素細胞，黑色素受到光線和溫度的影響會移動位置，蛙類的體色就會隨著周遭環境而變化。當黑色素擴散，顏色變深；反之，顏色變淺。

 樹蛙、樹蟾傻傻分不清楚

有些俗名稱做樹蛙的種類其實被分類在樹蟾科，樹蟾的外型像青蛙，骨骼結構卻和蟾蜍較相似，是「蛙皮蟾骨」。樹蟾在演化上屬於古老的類群，胸骨沒有癒合，可以交錯活動，稱為「弧胸型」，利於爬行移動、不適合跳躍；樹蛙則是胸骨癒合的「固胸型」，對身體支撐力大，適合跳躍。

▼臺灣的樹蟾科只有中國樹蟾一種，牠最大的特徵是臉上有一條過眼帶，很像蒙面俠，牠也很喜歡在下雨天時鳴叫，又被稱為雨怪、雨蛙。

嘰 ―
嘰 ―
呱～呱～

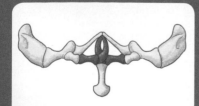

樹蟾科、蟾蜍科的弧胸型胸骨，中線的兩側可交叉重疊。

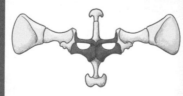

樹蛙科及其他科青蛙的固胸型胸骨，中線骨骼癒合固定。

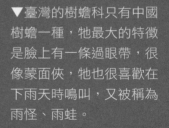

圖片來源：達志影像、Wikimedia Commons／Greg Schechter（羅氏）、Vaikoovery（斑腿）、繪圖：李昊宏、攝影：劉于綾（樹蟾）

臺灣的小精靈

臺灣的蛙類共有 6 科 21 屬 39 種，其中樹蛙科占三分之一，共有 4 屬 13 種，分別為：褐樹蛙、日本樹蛙、碧眼樹蛙、王氏樹蛙、艾氏樹蛙、面天樹蛙、布氏樹蛙、斑腿樹蛙以及樹蛙屬成員——我們最熟悉的綠色樹蛙：諸羅樹蛙、翡翠樹蛙、台北樹蛙、莫氏樹蛙及橙腹樹蛙。而樹蟾科只有 1 屬 1 種，為中國樹蟾。牠們雖然都生長在臺灣，但外型和習性各有特色，棲息地也有所不同，大部分在森林中，有些住在溪邊、有些住在竹林。以下介紹臺灣這些樹蛙中，比較特別的幾種。

 日本樹蛙

乍聽之下，日本樹蛙好像只住在日本，但其實是因為這種蛙的第一隻標本是在日本採集到的，才如此命名。牠跟一般的樹蛙不同，主要在溪邊活動，分類在「溪樹蛙屬」這個類群中。另外，牠可以耐高溫，一般蛙類的蝌蚪在 35℃ 以上的水溫下就很容易死亡，日本樹蛙卻可以利用溫泉來繁殖，能耐受 41℃ 以上的高溫；成蛙抱接（見 P.52 說明）後會跳進較淺的溫泉，並把卵直接產在溫泉中。下次如果在溫泉地看到蝌蚪，可

別嚇一跳，那肯定就是日本樹蛙的蝌蚪了。在各地的野溪溫泉都能找到日本樹蛙的足跡，牠也被稱做溫泉蛙。

 橙腹樹蛙

橙腹樹蛙可說是臺灣蛙類中公認最美的一種了！草綠色的背部，橙紅色的腹部，對比明顯的配色，宛如紅心芭樂。牠是臺灣非常稀有的蛙類，零散分布在中低海拔的原始闊葉林中，生性隱密，平時都躲在高處樹上，繁殖時才會下到底層的水域。牠會將卵產在樹洞中，但有些蜻蜓也會在此產卵，而大水蠆（蜻蜓的幼蟲）會吃小蝌蚪，大蝌蚪會吃小水蠆，牠們的幼體之間形成了有趣的弱肉強食的關係。

橙腹樹蛙

 台北樹蛙

台北樹蛙是臺灣特有蛙類之一，雖然牠稱為台北樹蛙，不過在南投以北都有分布。牠全身是可愛的墨綠色，但很常在爛泥土中被發現，可謂「出淤泥而不染」。一般蛙類在春季繁殖，牠反而是在冬天繁殖，此時期雄蛙會尋找適合的土堆，用後腳將泥土做成巢洞，在裡面鳴叫，吸引雌蛙來交配。

日本樹蛙

攝影：劉于綾（橙腹、諸羅、蛙卵）、NPC（艾氏）

台北樹蛙

種類不到 5%，而艾氏樹蛙就是其中之一。牠的護幼行為相當特別，成蛙會到積水竹筒中交配，並將卵產在竹筒壁緣上，此時雌蛙的任務暫告一段落，而雄蛙會守護在卵旁邊，如果卵太乾，會用腹部沾水並趴到卵上保持濕度；等蝌蚪孵化落水後，雌蛙會回到竹筒邊，將屁股靠在水面，讓蝌蚪輕輕啃咬雌蛙肛門周圍刺激排卵，將排出的未受精卵當做食物給蝌蚪咬破吸食。

諸羅樹蛙

諸羅樹蛙是 1995 年發表的種類，是臺灣特有的蛙類，體背是黃綠色，腹部為白色和淡粉色，體側有一條白線，非常美麗。諸羅樹蛙僅分布在雲嘉南地區，而牠的棲息環境跟人類農耕息息相關，像是麻竹園、香蕉園、芒草園及各種果園都有牠的身影。近年筍農紛紛砍伐竹子改種其他作物，牠的棲地逐漸消失。為了保護牠，有一群關心保育的在地人，不施用農藥化肥來維護竹園，並將出產的竹筍貼上綠色保育標章，做為無農藥的「綠標竹筍」出售，守護諸羅樹蛙的生活環境。

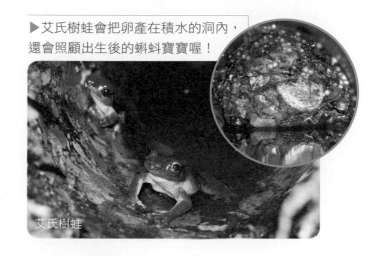
▶艾氏樹蛙會把卵產在積水的洞內，還會照顧出生後的蝌蚪寶寶喔！
艾氏樹蛙

諸羅樹蛙

艾氏樹蛙

艾氏樹蛙堪稱臺灣蛙類中，在國際最知名的蛙類，為什麼呢？全世界會撫育幼體的蛙

斑腿樹蛙

臺灣的 13 種樹蛙中，有一種是外來種，就是長相與布氏樹蛙極為相似的斑腿樹蛙，兩者的差異只有腿部斑紋及叫聲較好辨識。牠最早於 2006 年在彰化田尾被發現通報，疑似是不小心跟著園藝植物引入，後來在各地擴散。2012 年各學術機關開始監測族群並且移除。至今數量仍然相當多，影響到本土蛙類的生存。

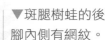
▼斑腿樹蛙的後腳內側有網紋。

圖片來源：Flickr/ Neil Dalphin（日本）、Wikimedia Commons/ jasonkao73（台北）、達志影像

千奇百怪的世界樹蛙

全世界的蛙類有 6000 多種，光是樹蛙和樹蟾加起來就有 1300 多種，其中有一些特別引起科學家的注意，因為牠們的習性特殊，還被拍成有趣的影片，一起來了解吧！

越南墨絲蛙

華萊士飛蛙

這種樹蛙的模式標本是由鼎鼎大名的生物學家華萊士所採集，因此以他命名。由於華萊士飛蛙趾間的蹼是黑色的，又名為黑掌樹蛙。樹蛙因為在林間活動，跳躍能力都很強，而這種樹蛙更是其中的佼佼者，移動方式從跳躍變成滑翔。一般的樹蛙只有後腳有蹼，而華萊士飛蛙前後腳都有蹼，當要滑翔時牠會伸展四肢、張開趾間的蹼，增加空氣阻力，順利的滑翔到樹上或地面，在空中滑行的距離可達 15 公尺甚至更長。

越南墨絲蛙

墨絲蛙共有 11 種，而越南墨絲蛙是其中較常見的一種，分類在棱皮樹蛙屬（*Theloderma*），最大的特徵就是全身布滿疣狀棘皮，像樹皮或蘚苔的顏色，牠在休息時將四肢併攏，幾乎就像是一團青苔，不仔細看還找不到呢，是天生的偽裝高手！因為牠獨特的外型，因此也有很多人將牠做為寵物飼養，目前國外已經有許多成功繁殖的紀錄！

鳥糞樹蛙

鳥糞樹蛙也是棱皮樹蛙屬的一員，牠的偽裝術更加厲害，大部分的墨絲蛙是偽裝成蘚苔的樣

咦？那是我的大便嗎？

鳥糞樹蛙

上樹原理大不同

樹蛙和壁虎雖然都是利用趾頭的構造來爬上垂直表面，但卻是用截然不同的方式來吸附表面。壁虎的腳趾上具有數十萬根的剛毛，利用這些剛毛和牆面產生的凡得瓦力可牢牢吸住表面；而樹蛙則是利用濕黏的腳趾吸盤和表面密合接觸，形成真空效果，穩固的攀附表面。

樹蛙的腳趾像吸盤。

壁虎的腳趾上有很多皮瓣，上面有細小的剛毛。

子，而鳥糞樹蛙顧名思義，是假裝成鳥大便的樣子，身上的花紋是混濁的白色和黑色相間，配色還真的跟鳥糞一模一樣，可藉此保護自己，很多掠食者都被牠的形態騙過。

🐸 紅眼樹蛙

紅眼樹蛙是樹蟾的一種，牠應該是最有名的樹蛙了！因為牠的體色相當奇特，非常鮮豔，罩住眼的瞬膜上有金黃色的網紋，睜開是大大的紅眼睛，背部鮮綠色，體側是藍色斑塊和黃色條紋相間，大腿內側也是藍色，四肢掌部則為亮麗的橘紅色，相當美麗，是許多攝影家愛好拍攝的物種。而近年因為棲地被破壞和人類濫捕濫抓，牠已經被列入華盛頓公約二級保育名錄。

我的金黃網狀瞬膜比火影忍者的瞳術還厲害吧！

紅眼樹蛙跳入水中時，瞬膜由下往上蓋起，確實是「蛙鏡」。

🐸 格林胃蛙

格林胃蛙也是樹蟾的一種，牠不僅外型奇特，像頭上戴著頭盔，而且牠也是第一隻被發現有毒的樹蛙！發現牠毒性的過程也很有趣：有名巴西的生物學家賈里德（Carlos Jared）到當地雨林考察，發現一隻格林胃蛙並將牠拾起，但這隻蛙竟然用上唇的刺將毒液注射到生物學家的手，結果賈里德的右臂劇痛了五個小時。研究人員推測毒液是用來防禦天敵，當其他動物靠近想捕食牠時，格林胃蛙就會搖晃頭部，用頭部的毒刺猛刺接近的掠食者。

像頭盔的構造。

小心～我有毒喔！

🐸 蠟白猴樹蛙

蠟白猴樹蛙也屬於樹蟾，牠不喜歡跳躍，喜歡用四肢在樹上爬行移動，因此被稱做「猴樹蛙」，牠分布在南美洲高溫且雨量少的灌木叢和草原，當地氣候乾燥，為了防止水分流失，牠的皮膚腺體會分泌蠟質，然後牠再用四肢在皮膚表面均勻塗抹，好像塗防晒乳一樣，來減少水分的蒸散。

如果看見我在抹臉，大概是在塗防晒油啦～

蠟白猴樹蛙

圖片來源：達志影像．Flickr/ Lisa Marie（蛙趾）、Oregon State University（壁虎）、Rushen（鳥糞）．繪圖：小比

再見了，塔菲

　　認識了這麼多臺灣和世界各地的樹蛙，相信你們一定增加了對這些林間小精靈的喜愛。其實，這些小動物的生存遇到了很多危機，讓我們從一隻雷伯氏樹蛙說起⋯⋯

　　雷伯氏樹蛙又稱為巴拿馬樹蛙，是大型樹蛙，可以長到 10 公分，也有滑翔能力，牠們分布的範圍相當局限，僅在巴拿馬中部的林冠層。牠們被發現得很晚，差不多在 2005 年才被認定為新種，但隔年當地族群就感染了蛙壺菌——導致許多蛙類死亡的流行病，不到五年，整個族群幾乎消失了，被國際自然保護聯盟正式列為極度瀕危。科學家在蛙壺菌蔓延之前，搶救了二雄一雌的樹蛙，希望能讓這個物種延續。不幸的是，唯一的雌性在 2009 年死去，剩下兩隻雄性，其中一隻的健康每況愈下。2012 年，科學家在無奈之下對牠進行安樂死，並保存遺傳物質。

　　全世界剩下最後一隻的巴拿馬樹蛙，被命名為塔菲（Toughie，也可譯做硬漢），牠被圈養在美國亞特蘭大植物園，推估年紀已經超過 12 歲，科學家提心吊膽的飼養著牠，然而 2016 年 9 月 26 日這天，塔菲離開了這個世界，也正式宣告巴拿馬樹蛙的滅絕。這個物種從發現到滅絕，只有 11 年，是個讓人難過的故事。

　　蛙類非常脆弱，牠們從蝌蚪開始，就遭受各種天

我有問題！

什麼是「抱接」？

　　是青蛙行體外受精繁殖的時候，雄蛙用前腳緊抓雌蛙，抱在雌蛙背上的動作，也稱為「假交配」，這樣可讓精卵釋出的時間與地點接近，增加受精機會。雌蛙的體型通常比雄蛙的大，可別誤以為這是母蛙背小蛙的親子出遊場景囉！

敵的捕食，而且皮膚沒有角質層，受到紫外線和汙染的影響特別大。例如一個曾經是蛙類繁殖點的蓄水池，被傾倒農藥後，過了一個晚上，周圍的蛙就全部死光了。

　　其實，蛙類的生存和人類息息相關，牠們是環境乾淨的指標，能捕食擾人的蚊蟲、防止疾病傳播；而有些蛙類特殊的分泌物，是科學研究的重點。近數十年來，世界上的兩棲動物數量驟減，至今已有上百種物種消失。棲地破壞、濫用化學藥物、氣候變遷、外來種入侵以及壺菌感染，都是牠們滅絕的原因。為了留給這些小動物一些生存空間，我們可以選擇用更環保的方式生活，少用一次性餐具來減少森林砍伐、選擇友善環境的農產品、行經山區鄉間小路時放慢行車速度避免路殺，都是保護牠們的做法。 科

 作者簡介

劉于綾　臺師大生科所畢業，從小喜歡動物，立志要一輩子做跟動物有關的工作。現在經營一家兩棲爬蟲餐廳，養了超級多爬蟲類，想讓更多人認識牠們。

繪圖：小比，本篇底圖素材：Freepik

森林裡的小精靈——樹蛙

國中生物教師 江家豪

關鍵字：1. 樹蛙　2. 生態習性　3. 兩生類　4. 棲地破壞　5. 外來種

主題導覽

　　提到樹蛙，一般人腦海中應該會浮現綠色、有著水汪汪大眼睛、腳趾有大大的吸盤、搭配大鳴囊這樣的形象，但其實許多樹蛙並不是綠色的。在臺灣目前有紀錄的蛙類共 39 種，若以臺灣的面積來看，可說非常豐富。其中被分類在樹蛙家族的共有 13 種，只有不到一半的種類是綠色的外表（包含台北樹蛙、翡翠樹蛙、莫氏樹蛙、橙腹樹蛙及諸羅樹蛙）。但是蛙類的體色並非固定不變，在牠們的皮膚中有三層色素細胞，當受到環境因子的刺激，黑色素的分布便會開始發生變化而呈現不同的體色。深淺不同的體色有利於牠們躲藏在樹葉上、樹洞中或泥土堆裡。

挑戰閱讀王

看完〈森林裡的小精靈——樹蛙〉後，請你一起來挑戰下列問題。

答對就能得到👍，奪得 10 個以上，閱讀王就是你！加油！

（　　）1. 下列有關樹蛙的敘述，何者正確？（這一題答對可得到 2 個👍哦！）
　　　　①為內溫動物，體溫不受外界環境影響
　　　　②白天比夜晚活躍
　　　　③體表缺乏防止水分散失的構造
　　　　④所有種類都具有綠色的皮膚

（　　）2. 下列何者並不是臺灣本土的原生樹蛙？（這一題答對可得到 2 個👍哦！）
　　　　①艾氏樹蛙　②翡翠樹蛙　③布氏樹蛙　④斑腿樹蛙

（　　）3. 下列何種樹蛙的皮膚是綠色的？（這一題答對可得到 1 個👍哦！）
　　　　①諸羅樹蛙　②艾氏樹蛙　③日本樹蛙　④斑腿樹蛙

（　　）4. 下列何項行為較有利於樹蛙的保育？（這一題答對可得到 3 個👍哦！）
　　　　①在山區開闢大型蓄水池　②劃定保護區禁止人為干擾
　　　　③鼓勵民眾飼養樹蛙　④消滅樹蛙的天敵

（　）5.下列哪一項做法較容易尋找到樹蛙的蹤跡？

　　　（這一題答對可得到 3 個👍哦！）

　　　①冬季白天到淡水紅樹林裡去尋找

　　　②夏季夜晚到烏來山區的竹林裡尋找

　　　③夏季夜晚到東北角潮間帶去尋找

　　　④冬季夜晚到雲林的稻田裡去尋找

延伸思考

1.查查看臺灣樹蛙的分布，你所居住的地方有可能看到哪些樹蛙呢？

2.想看看，你會如何說服農民放棄使用農藥及化肥來保育樹蛙呢？

3.除了友善諸羅樹蛙並結合綠色標章行銷竹筍外，還有很多類似這種友善標章的保育方式，查查看還有哪些呢？

4.外來種的威脅一直是臺灣生態的嚴重問題，你認為該如何解決外來種問題呢？

■斑腿樹蛙是一種外來種樹蛙，最早在彰化地區發現，但分布範圍已蔓延至北部地區，南部也有牠的蹤跡，對當地其他蛙類造成威脅。

圖片來源：江家豪

延伸閱讀

　　雖然樹蛙的種類不少，卻有許多人未曾親眼看過，這或許和蛙類對環境的適應以及生態習性有關，以下列舉一些樹蛙的生態習性：

　　一、蛙類是外溫動物，體溫會隨著外界環境而改變，溫度太高或太低都會影響到牠們的生存，因此多數蛙類只在夏天的夜晚較為活躍，其他時候則多躲藏在洞穴中或落葉堆裡度過。

　　二、蛙類的皮膚缺乏角質層或其他能防止水分流失的構造，為了能在乾燥的陸域環境存活，白天牠們多以保水姿勢躲藏，較難被發現。

　　三、蛙類屬於兩生類，其幼體蝌蚪需要在沒有人為干擾的水中生活，因此牠們繁殖的時候大多在晚上，於人煙罕至的荒野裡行求偶、假交配等行為，然後將卵產在廢棄的蓄水池或竹筒的積水中。

　　四、蛙類有許多天敵，因此牠們具有良好的保護色，若沒有特地去尋找，可能牠就在附近而你卻沒發現。要發現牠們的蹤跡，你可以在夏天涼爽的夜晚，帶著手電筒到近郊的竹林或菜園裡，尋找積水的容器或蓄水池，好好配合牠們的生活習性才能事半功倍。

花叢中的華麗舞者
大紅紋鳳蝶

飛行緩慢而優雅的大紅紋鳳蝶,到底身懷哪些好本領,
讓牠看起來可以這麼有恃無恐呢?

撰文/翁嘉文

小時候,總愛在畫紙上抹上一片綠油油,然後添上幾隻蝴蝶,也許紅,也許黃,也許黑,也許色彩多樣,每每不同,愈繽紛愈好;不變的是,這些蝴蝶的翅膀上都硬是掛上了淚珠般的尾狀突起,好似這樣牠們才能恣意飛舞。直到懂事之後,我才知道,原來不是每種蝴蝶都掛著淚珠飛行,掛著淚珠翩翩起舞的,大多是鳳蝶科的蝴蝶。

臺灣擁有「蝴蝶王國」的美稱,曾經留下紀錄的蝶種就高達 400 多種。科學家依據分子科學鑑定技術(類似你在報章雜誌或電視上看到的親子鑑定)找到了蝴蝶的親緣關係,重新將蝴蝶歸納為三個總科,分別是弄蝶總科、喜蝶總科與鳳蝶總科。其中鳳蝶總科下又分成鳳蝶科、粉蝶科、灰蝶科、蜆蝶科、蛺蝶科等五科。

穿著華麗羽裳的鳳蝶

根據記載,歸屬於鳳蝶科的蝴蝶在全世界約有 600 多種,大都生活在溫暖的熱帶環境;牠們身體細小,翅膀較大,主要以黑色為底色,襯托以鮮豔的紅、黃、白、藍或綠色等斑紋,後翅則常帶有淚珠狀的尾狀突起;鳳蝶算是體型比較大的蝴蝶,寬大的翅型、迅速俐落的振翅,再搭配上牠華麗耀眼的外表,堪稱是最豔麗的霸王。

攝影:李思霖

臺灣鳳蝶科的蝴蝶種類約有 30 多種，翩翩舞姿引人迷戀；想當然爾，本篇主角大紅紋鳳蝶就屬於鳳蝶科。不過，大紅紋鳳蝶是牠的別稱，更正式的名稱是多姿麝鳳蝶唷！

大紅紋鳳蝶與螢火蟲、蚊子、蜘蛛一樣，也擁有一身外骨骼，屬於節肢動物門；而牠的身體與螢火蟲、蚊子一樣，分成頭、胸、腹三節，是有六隻腳的昆蟲綱，與只有頭胸部及腹部兩個體節，四對足的蛛形綱很不相同。大紅紋鳳蝶也同樣會經歷卵、幼蟲、蛹、成蟲四個時期，然後成為完全變態昆蟲。

比起其他種類的蝴蝶，鳳蝶科的卵來得大一些，大紅紋鳳蝶卵的直徑就約為 1.7 公釐（一般蝴蝶卵的大小為 0.1～2 公釐不

等）。雌蝶通常會將卵產在寶寶出生後即可食用的植物葉背上（稱為此種蝴蝶的寄主植物），在葉背產卵則是為了防止日照傷害。像是大紅紋鳳蝶的媽媽就會將卵產在異葉馬兜鈴、瓜葉馬兜鈴或港口馬兜鈴等植物上，這可是牠們寶寶的最愛！

葉背上的鮭魚卵

大紅紋鳳蝶的卵就像是軍艦壽司上那晶瑩飽滿、透出亮橘色光澤的鮭魚卵，但為了防止水分散失，卵的表面還覆蓋著一層厚厚的蠟質殼，讓外表變得沒有那麼光滑；另外，蝶卵上

大紅紋鳳蝶
的生活史

１ 卵
亮橘色的卵，直徑約只有 1.7 公釐。

２ 初齡幼蟲
不同於其他鳳蝶的初齡幼蟲像鳥糞，大紅紋鳳蝶的初齡幼蟲比較像海參。

真的腳？假的腳？

1隻、2隻、3隻……16隻，16隻腳！蝴蝶幼蟲有那麼多腳，還能算是昆蟲嗎？蝴蝶幼蟲跟成蟲一樣分為頭、胸、腹部三節，腳的數目卻是天差地遠，但要知道，可不是所有的腳都是真的喔！

在幼蟲胸部的三個體節上各有一對具有腳趾甲的前足，這是真的腳，或稱真足；腹部的四對腳則是肉質的腹足，或稱偽足，足上有鉤，可以協助固定幼蟲身體，避免牠們從葉子上掉落，尾部上的那對則是尾足；然而，羽化成蝶後，腹部及尾部的五對肉質腳會退化，只有胸節的三對真足會留下，所以依舊是不折不扣的六腳昆蟲喔！

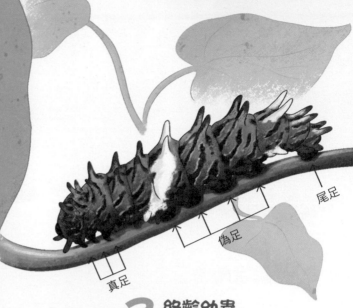

真足　偽足　尾足

3 終齡幼蟲

經過四次蛻皮，就成為終齡幼蟲，準備進入蛹期。

還沾黏著些許橘黃色的分泌物，目的是要將蝶卵牢牢固著於葉背上；而在卵頂部的微微凹陷處，則是受精孔的位置，大部分的蝶卵上都可以看到。

待蝶卵受精後，新生命便在這金黃保溫箱中成長茁壯；約一週，幼蟲幾乎發育成熟，牠們利用大顎咬破卵殼，來到這個世界。

初齡、終齡幼蟲大不同

大紅紋鳳蝶初齡幼蟲的體色與成蟲相似，主要以黑色或深褐色為頭部或身體的底色，在各個體節的側線上會有明顯的肉質突起，某些肉質突起為白色，這樣特殊的外型，讓牠看起來很像海中的棘皮動物——海參。

然而低調的深色系實在太不符合大紅紋鳳蝶的霸氣了，因此終齡幼蟲的各個體節，換上淺褐色帶有深褐條紋，像是虎皮蛋糕般的新裝；第三及第四腹節上則披上了白色披肩，加上第七腹節上的白色肉質突起，就像帝王般雍容華貴。

雖說是帝王，但畢竟只是個小毛頭，挾著發達口器與消化器官的幼蟲，現在的任務只有一個，那就是「吃」！

出生後，先吃掉卵殼，然後在寄主植物上，努力進食。等體型長得夠大後，因為堅硬的頭殼限制了生長，牠們只得停下來，休息一天，進行蛻皮；每蛻一次皮，幼蟲的齡數就會增加一級，從初齡、二齡……到五齡（或稱終齡），耗時三週到數個月不等。

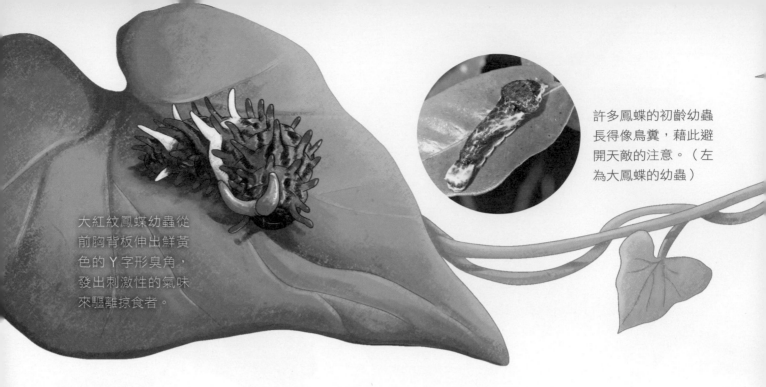

大紅紋鳳蝶幼蟲從前胸背板伸出鮮黃色的Y字形臭角，發出刺激性的氣味來驅離掠食者。

許多鳳蝶的初齡幼蟲長得像鳥糞，藉此避開天敵的注意。（左為大鳳蝶的幼蟲）

幼蟲禦敵術

除了覓食以外，如何避敵也是幼蟲們需要努力達成的目標。在不同種類或甚至不同蟲齡階段，牠們的防禦方式都各有特色。像是小時候的鳳蝶幼蟲們就常用保護色來欺敵，牠們靠著與鳥糞相似的外表讓獵食者對牠們失去興趣；特別是大鳳蝶、無尾鳳蝶、玉帶鳳蝶等，更是箇中好手。

等到牠們蛻皮長成較後期的蟲齡時，最厲害的防禦招式大概就換成了藏在牠前胸背板縫中的鮮黃色臭角了，這是很多鳳蝶科幼蟲共有的特徵。（是不是突然覺得寶可夢的綠毛蟲非常寫實啊！）在遇到驚嚇或騷擾時，臭角會向外翻出，不同種蝴蝶的臭角形狀、氣味不太一樣，大致為Y字型，模樣十分可愛，但會分泌出具有刺激性的氣味，讓牠的天敵嫌惡、遠離。例如大紅紋鳳蝶幼蟲的臭角，所分泌的橘黃色液體像是帶點辛辣的中藥味。

除此之外，由於大紅紋鳳蝶幼蟲的寄主植物馬兜鈴帶有毒性，幼蟲能將植物的毒累積體內，使幼蟲本身就具有毒性，讓牠們的天敵因為捕食後產生不好的經驗而不再獵捕牠們；也有科學家認為，大紅紋鳳蝶幼蟲身上鮮豔的色彩與奇異的肉質突起，是為了嚇阻獵食者「我有毒！」的警戒色呢！

別緻的搖籃床

在成功躲避敵人，完成最後一次蛻皮至終齡幼蟲後，大紅紋鳳蝶的幼蟲們開始在寄主植物或鄰近處尋找隱密、安全的成蛹地點。

選定地點後，牠們先將身體內的廢物排出，然後頭上尾下的攀附在枝條上，吐絲做成一個堅固的絲墊，將自己的尾部牢牢的固定住。接著多次吐絲並繞過身體，形成一條手工編織的絲帶，橫過中後胸節間，支持著身體，呈現斜立狀態，並進入前蛹期。一段時間後，牠們的身體顏色慢慢有了變化，蟲體也開始扭動，準備蛻皮。幼蟲表皮從後胸中央裂開來，蛹體從此處鑽了出來，同時不

繪圖：HOM的遊樂園

4 蛹

大紅紋鳳蝶的蛹
並不平滑，有許多
葉狀突出物，配上橘
白斑紋，造型十分特殊。

較後期的幼蟲則用鮮黃
色的臭角，分泌具有刺
激性的氣味，以驅逐掠
食者。（左為大鳳蝶的
幼蟲）

蛹的側面

蛹的正面

停扭動身軀，讓幼蟲表皮慢慢蛻下，等蛻到
絲墊固定的尾部時，扭動加劇，最後，蛻下
的皮層脫落，蛹期正式展開。

　　大紅紋鳳蝶的蛹體呈現淡橘褐色，上方布
滿白色條紋，有點像是橘子糖的配色，給人
很溫柔的感覺。牠的蛹型並不平滑，在中胸
背側有一個鮮明的橘色隆起，腹節的背側也
有多個葉片狀的扁平突出物，十分美妙。蛹
期長短除了會因蝶種不同而異之外，溫度也
是很重要的影響因子之一；但一般而言，蛹
期多在一、兩週至一個月左右。

　　在此階段，蛹體無法移動，大多透過保護
色或警戒色來躲避敵人。但若受到太大的刺
激，也可能會用力晃動來驚嚇獵食者，以保
護自己；然而蛹體太劇烈的行為很容易造成
損傷，嚴重甚至會畸形或死亡。對蝴蝶而
言，蛹期真的是非常艱難的時期。

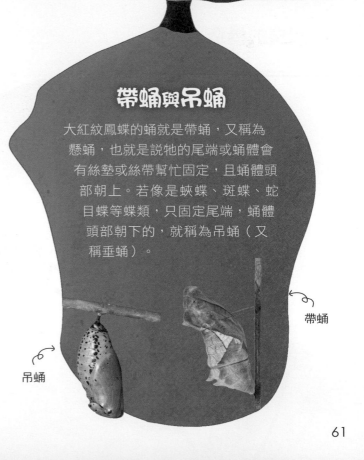

帶蛹與吊蛹

大紅紋鳳蝶的蛹就是帶蛹，又稱為
懸蛹，也就是說牠的尾端或蛹體會
有絲墊或絲帶幫忙固定，且蛹體頭
部朝上。若像是蛺蝶、斑蝶、蛇
目蝶等蝶類，只固定尾端，蛹體
頭部朝下的，就稱為吊蛹（又
稱垂蛹）。

吊蛹

帶蛹

攝影：嘎嘎（左頁與本頁左圖）、林柏昌（右圖），圖片來源：達志影像（下二圖）

蛻變的時刻

終於捱到大紅紋鳳蝶的蛹體變得透明，蝴蝶的紅色、黑色若隱若現，清晨時分就要羽化了。蛹的背部水平裂開，成蟲背倚靠著蛹體緩緩爬出，剛剛破蛹而出的蟲體稍嫌肥胖，翅膀也皺巴巴的掛在身上。牠小心翼翼的爬上枝條，藉著身體的肌肉收縮，將體液壓送入身體每個體節，也經翅脈送到翅膀，慢慢撐開雙翅，並將多餘液體排出。但別急，大紅紋鳳蝶還得等上幾個小時，讓剛剛升起的艷陽將翅膀好好乾燥才能飛翔。

大紅紋鳳蝶的頭部與身體腹面為艷麗的大紅色，背面與側邊是排列整齊的黑色斑點，雙翅皆以黑色為底，前翅為長橢圓狀；後翅內緣呈現波浪狀反捲，中央有兩個明顯的一大一小白斑，後翅的翅緣及尾狀突起上則有著紅色斑點，相當吸睛！

蝴蝶的構造

蝴蝶的眼睛是由許多小眼所組成的一對複眼，這些小眼讓蝴蝶擁有 360 度的視角，可重新組合接收到的視覺影像，構成完整影像，也利於牠們躲避獵食者。但蝴蝶不像人類視覺色彩是由紅、藍、綠三色組成，牠們的視覺是藍光、黃光以及我們看不見的紫外光組成，因此蝴蝶看到的影像與我們看見的並不相同，牠們是靠著判定花朵上的紫外光圖案去尋找蜜源，填飽肚子。

蝴蝶的口器很像方便收納的環保吸管，由兩條半圓形的細長吻管所組成，平時蜷曲的藏在蝴蝶下顎中，只有在覓食的時候才會伸出吸食液體。像是花蜜、樹枝、水灘、動物排遺或是腐敗水果的汁液等等。酒足飯飽後，又再收回原位。

頭部另一個重要器官是蝴蝶的觸角，它們的外型有點像曲棍球棒，具有嗅覺的功能，能夠感受空氣中的味道與氣流，聞到遙遠距離的花香；此外，觸角也有幫助蝴蝶平衡的功能。

至於從幼蟲期真足而來的六隻腳，同樣

翅脈

觸角

口器

5 成蟲

大紅紋鳳蝶成蟲仍保有幼蟲期食草的毒性，所以能不怕掠食者的緩慢飛行。

鱗片的妙用

翅膀上的鱗片除了為蝴蝶增添色彩外，還有許多功用，像是在太陽下能藉層次覆蓋的鱗片，將熱能傳導至身體來提高溫度、調節體溫；緻密的堆疊方式、表面覆蓋的蠟質都具有防水的功能，鱗片還可以強化翅膀的強度，組成的斑紋也有驅敵的效果，還能用來辨別蝶種。更重要的是「逃生」，萬一被蜘蛛網捕捉時，蝴蝶藉由抖落鱗片可以自救。

從胸部長出，除了活動、攀附植物等作用外，也具有部分的味覺功能，像是蝴蝶媽媽在選擇產卵的寄主植物時，就是仰賴這多功能的腳呢！

由胸部背面長出的前後雙翅上則布滿了翅脈，這些翅脈就像屋頂的屋梁骨架，撐開翅膜，上頭則是屋瓦般相疊的鱗片，或稱為鱗粉。這些長稜狀的鱗片組成了蝴蝶美麗的翅膀，它們的成色原理大致可分做物理及化學兩種性質。若我們肉眼所見的顏色與鱗片本身顏色相同，好比黃、白、紅、黑色等，這些屬於化學色，或稱色素色。若是顏色會因鱗片上細緻的刻紋，使光線折射、反射等角度發生改變，而產生像是藍、綠、金、銀色等金屬光澤的，則稱為物理色，或稱結構色。依此判定，大紅紋鳳蝶的鱗片應該都是屬於化學色。

大紅紋鳳蝶的傳承

羽化後，大紅紋鳳蝶披著絢麗的彩衣，只剩一件任務要完成，那就是傳承血脈。蝴蝶的壽命並不長，隨著蝶種、氣候等等因素，少則 4～5 天，多則數個月，但爭取時間是絕對必要的。

雄蝶通常會比雌蝶早一到兩天羽化，因此在即將羽化的雌蛹旁邊常常早已有好幾隻雄蝶在附近徘徊，等到雌蝶破蛹而出那一刻，翅膀都還沒有乾，雄蝶便開始瘋狂飆舞、爭取交配機會。雄蝶將精子包於精莢，利用腹部最後一節特化的交尾器，將精莢送入雌蝶體內，蝴蝶完成交配後，雌蝶帶著暫儲於儲精囊的精莢，開始尋找寄主植物葉片或在其附近產卵，產卵那刻才完成受精。

之後這獨立生長的小生命將會破卵而出，繼續繁衍，延續生命的傳承。㊓

作者簡介

翁嘉文 畢業於臺大動物學研究所，並擔任網路科普社團插畫家。喜歡動物，喜歡海；喜歡將知識簡單化，卻喜歡生物的複雜；用心觀察世界的奧祕，朝科普作家與畫家的目標前進。

圖片來源：達志影像，繪圖：HOM 的遊樂園

花叢中的華麗舞者——大紅紋鳳蝶
國中生物教師　江家豪

關鍵字：1. 大紅紋鳳蝶　2. 節肢動物門　3. 完全變態　4. 帶蛹　5. 禦敵術

主題導覽

　　大紅紋鳳蝶是鳳蝶總科鳳蝶科的成員，身體分為頭、胸、腹三節，擁有三對步足，是標準的昆蟲。牠是完全變態的昆蟲，生活史中的每個時期都要想辦法避開天敵的捕食，才能順利的羽化為成蟲、生生不息。

　　大紅紋鳳蝶幼蟲不同於一般鳳蝶幼蟲，後者多半長的像鳥糞來避敵，而大鳳蝶幼蟲是用深褐色與白色相間的對比顏色，來警告天敵最好不要吃牠們！這與牠們獨特的幼蟲食草有著絕大的關係。

挑戰閱讀王

看完〈花叢中的華麗舞者——大紅紋鳳蝶〉後，請你一起來挑戰以下題組。

答對就能得到👍，奪得 10 個以上，閱讀王就是你！加油！

◎大紅紋鳳蝶屬於節肢動物門昆蟲綱的成員，請根據大紅紋鳳蝶的分類特徵回答下列問題：

（　　）1. 節肢動物門的成員有許多共同特徵，下列何者不是共同特徵之一？

（這一題答對可得到 1 個👍哦！）

①附肢分節　②具有外骨骼

③都為體外受精卵生　④身體都有分節

（　　）2. 下列何者在分類上與大紅紋鳳蝶親源關係最疏遠？

（這一題答對可得到 1 個👍哦！）

①蜘蛛　②蝙蝠　③竹節蟲　④龍蝦

（　　）3. 下列何者並非昆蟲綱成員的共同特徵？（這一題答對可得到 1 個👍哦！）

①會化蛹　②都有六隻步足

③都有一對觸角　④身體都分頭、胸、腹三節

◎請利用大紅紋鳳蝶與其他鳳蝶的形態特徵與習性來回答下列問題：

（　　）4.下列哪隻幼蟲是大紅紋鳳蝶的寶寶？（這一題答對可得到 2 個👍哦！）

（　　）5.大紅紋鳳蝶的幼蟲對食物有專一性，下列何者為牠的主要食物？

（這一題答對可得到 1 個👍哦！）

①柑橘葉　②馬兜鈴　③樟樹葉　④蚜蟲

（　　）6.下列關於大紅紋鳳蝶的敘述，何者正確？（這一題答對可得到 2 個👍哦！）

①具有刺吸式口器，吸取樹液維生

②視覺主要由紅、藍、綠三種色彩組成

③屬於完全變態的昆蟲，化蛹時為帶蛹

④雙翅的顏色以紅色為底，帶黑色斑紋

（　　）7.蝴蝶幼蟲對食物具有很強的專一性，蝴蝶媽媽是利用何處辨別植物的種類

呢？（這一題答對可得到 2 個👍哦！）

①觸角　②口器　③視力　④步足

（　　）8.蝴蝶的翅膀上有許多鱗片，何者並非鱗片的功能？

（這一題答對可得到 1 個👍哦！）

①可灑向天敵眼睛讓天敵暫時失去視覺

②能將熱傳導到全身以提高體溫

③能在遇到蜘蛛網時抖落鱗粉用以逃生

④具有防水功能並且可以強化翅膀

◎擬態與偽裝：生態系中有些物種為了躲避天敵，會利用偽裝與擬態等機制來蒙騙
天敵，但這兩種禦敵機制卻常常讓人混淆。概略來說，擬態的定義是一種生物去
模擬另一種生物的樣貌，藉以蒙騙或威嚇天敵，例如沒有毒性的白梅花蛇外型十

圖片來源：江家豪

65

分像有毒的雨傘節，又如沒有毒性的紫紅蛺蝶斑紋極像有毒的樺斑蝶，如此一來天敵只要不小心吃過樺斑蝶，就會對這樣的斑紋具有警戒心，也就不敢去攻擊紫紅蛺蝶了，這便是擬態的功能。

而偽裝則是指生物在外型上極像其生活環境，無論是外型或色彩，讓天敵無法在環境中發現牠的存在。例如：竹節蟲長得十分像樹枝，枯葉蝶像落葉等。

大紅紋鳳蝶雖然不是利用這兩種方式來避敵，卻可以將食草的毒性累積在體內，讓自己具有毒性。這樣的特性也讓大紅紋鳳蝶成為其他蝴蝶的擬態對象，有些玉帶鳳蝶就會擬態成大紅紋鳳蝶，用以欺騙天敵，如果沒有去細看紅色斑紋的色彩與形狀差異，還真的難以區分。

（　　）9.由上述定義來看，有些鳳蝶幼蟲會長得像鳥糞，這屬於哪一種避敵機制？

（這一題答對可得到 1 個👍哦！）

①擬態　②偽裝　③警戒色　④以上皆非

（　　）10. 下列何者屬於避敵機制中的擬態？（這一題答對可得到 2 個👍哦！）

①樹蛙藏身在樹葉中

②小斑馬身上具有和親代極相似的條紋

③百步蛇的斑紋極似落葉

④不會螫人的透翅蛾長得像會螫人的黃胡蜂

延伸思考

1. 試著到住家附近的柑橘類果樹上，找找看有沒有鳳蝶的幼蟲或卵粒？將幼蟲或卵粒帶回家飼養，藉此觀察鳳蝶的一生吧！

2. 生物的擬態或偽裝的概念，也常常被人類運用在各個領域，想想看我們在哪些地方使用到擬態與偽裝的概念？未來可以如何運用這些概念呢？

3. 蝴蝶跟蛾常常讓人分不清楚，請你搜尋並比較一下，兩者之間有什麼明顯的差異？

4. 大紅紋鳳蝶會將食草馬兜鈴的毒性存在體內用來避敵，查查看還有哪些動物也有類似的行為？

5. 查查看，除了動物，其他生物如植物、真菌等，是否也有擬態的現象呢？

6. 觀看精彩瞬間： 樺斑蝶 化蛹瞬間　 樺斑蝶 羽化瞬間

海中的太陽花
海葵

點綴海中景致的海葵，
型態多變又美麗，
同時也是剽悍的捕食好手喔！

撰文／翁嘉文

一朵、二朵、三朵……大小不一，五顏六色的太陽花在海中盛開，形成貨真價實的太陽花海，真是美得令人讚嘆呀！

誰知眨眼間，這朵鮮豔的花捉住了一條小魚，那朵嬌羞小花也不甘示弱的張口吞了一隻小蝦，哀號聲此起彼落，絕美天境瞬間成了廝殺煉獄，只剩背著明星光環的小丑魚家族優游於花叢間，好不自在……

然後我就驚醒了。我是小丑魚學校的新學生，正在學習海底世界的知識，我們家族之光就是家喻戶曉的勇敢小丑魚尼莫。喔！對了，我叫阿莫！剛剛的夢，其實是天天上演的血腥小短劇，主角是我們的好房東海葵，雖然牠對尚未有明星風範的我和其他動物的態度不是很好，但其他小丑魚可是對牠讚譽有加。

頭腦簡單，觸肢發達

海葵常讓人誤以為牠是植物，全因為牠在海中一動也不動的時間有些長，但只要見過牠兇殘又敏捷的捕食過程，牠是動物的這件事實，絕對讓人印象深刻。而且牠不像其他動物一樣具有心臟、血液、大腦、肺、腎等器官或組織，海葵主要構造只有神經與肌肉組織，外加一個囊狀空腔；搭配上迅雷不及掩耳的捕食動作，簡直就是頭腦簡單，觸肢發達的超級代表。

若是更仔細查看，你會發現海葵很像是戴了個太陽花帽的胖圓柱，牠跟珊瑚不一樣，圓柱狀的身體並沒有骨骼，大部分的海葵僅藉由最底部的基盤，附著於海中岩石或其他固定物上，但也有極少數海葵是不具基盤的，牠們只將自己的底部埋於泥沙質的海底，在這裡棲息。

繪圖：李昊宏 小比；圖片來源：達志影像、Freepik

海葵

珊瑚

海葵與珊瑚的差異

同屬於刺絲胞動物門，兩者外型有些相似，但可用以下方法來辨別：

❶ 珊瑚具有碳酸鈣的骨骼或骨針，行固著生活；而海葵沒有骨針，會移動。

❷ 珊瑚的觸手型態多樣且上方布滿小刺，與海葵較為圓潤、光滑的觸手不一樣。

❸ 珊瑚是由許多小珊瑚蟲彼此相連而成，海葵則是喜歡單株獨立生活的個體。

而太陽花帽則是指圓柱最上方，在口盤（最頂端裂縫型開口四周的部分）周圍環繞的多個觸手，觸手的數目從幾十個到幾千個都有，輻射對稱、整齊排列，就像是菊科花瓣那樣，它們一般都以六和六的倍數，以互生的規則排成多環，內環比較早生成也較大，較晚形成的外環則較小。

厲害的是，這些觸手上布滿了具有毒液的刺絲胞，可以用來禦敵、搶地盤和捕食。刺絲胞中含有刺絲囊，一般時候，有毒的刺絲會藏在其中，僅在刺絲囊某端留有一個像鬃毛般向外突起的刺針，當獵物游經身邊，刺激到刺針時，刺絲胞內的壓力會使刺絲囊迅速排空，瞬間來個噴發式伸展，射出刺絲，這些微小的倒刺便會插入獵物體壁，穿過牠的肉體，將牠麻醉，獵物就像被電暈那樣，毫無反抗能力，然後海葵便能順利用觸肢把牠送入口中享用。

三「功」一體的百寶袋

除了觸手之外，海葵最經典的部分莫過於身上那副囊狀空腔了。這個看似單調的空腔包辦了獵食之外，海葵所有的生理功能：從消化到排泄，以至於生殖繁衍，樣樣不缺，配上頂端唯一的開口，看來就像個萬能的百寶袋。

布置精細的消化腔

就讓我們先從消化和排泄來看起～海葵最頂端的裂縫型開口同時具有嘴巴和肛門的功能，口部有一個以上的纖毛溝（口道溝），纖毛溝的內壁上具有纖毛，當海葵收縮時，水流可以由纖毛溝流入消化腔內進行循環；當海葵用觸手捕捉到食物後，便將食物送入口道（咽）中。

口道佔了體腔將近三分之二的部分，再往下三分之一的部分則為消化腔，裡面由不同寬度的隔膜，分隔出很多小腔室，它們通常也是以六或其倍數，輻射狀的方式圍繞著中心的口道；這些隔膜為海葵增加了更多消化、吸收的面積，等食物被充分吸收後，剩下的殘渣就會再次經由同一個口道排出。

海葵的口盤和觸手。內圈的觸手比外圈的大，也可試著數看看觸手的數目是不是六的倍數。

纖毛溝

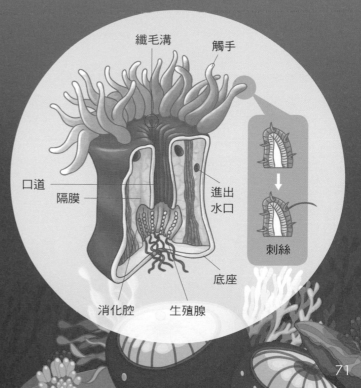

纖毛溝　觸手
口道
隔膜
進出水口
刺絲
底座
消化腔　生殖腺

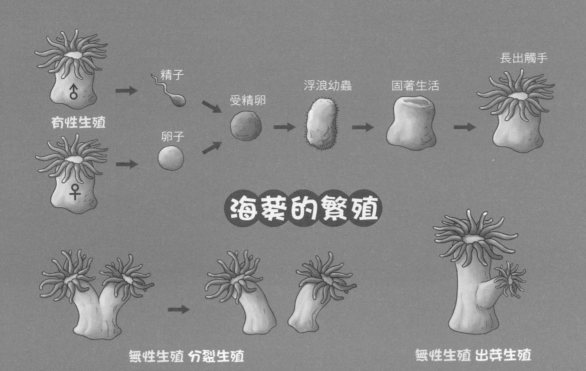

精子

卵子

有性生殖

受精卵

浮浪幼蟲

固著生活

長出觸手

海葵的繁殖

無性生殖 分裂生殖

無性生殖 出芽生殖

是爸爸也是媽媽

接著是海葵的生殖繁衍。海葵的生殖方式因種類而不同，有的是雌雄異體，也有的是雌雄同體，大部分的海葵是體外受精，受精卵在海水中孵化出幼體，少數的海葵幼體會在親代體內發育完全之後再被排出，就像是胎生一樣。

雌雄同體的海葵，通常雄性會先趨成熟，像是火山爆發一般，海葵會將成熟的精子由口噴發出來，進入另一個雌性體內與卵結合形成受精卵；也有的是刺激雌性由口排卵，之後精子與卵子在海水中完成受精，發育成浮浪幼蟲，經游動一段時間後，找到合適的地方才居住下來，長成新的個體。

另外還有一些種類會透過無性生殖的方式，由親體縱向分裂為兩個個體，或有些是從基盤上做出芽生殖，發育出新的海葵。海葵甚至還會斷裂生殖，當身體受到外力斷成碎片時，碎片可分別發育成一個新的個體。

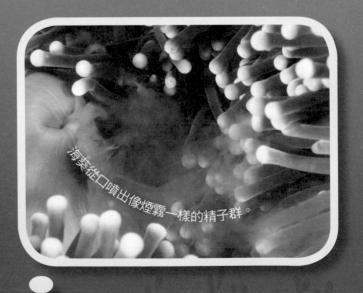

海葵從口噴出像煙霧一樣的精子群。

圖片來源：達志影像、Freepik；繪圖：李吳宏

圖片來源：Wikimedia Commons/By Paul（拿破崙地毯海葵）、Nhobgood Nick Hobgood（拳頭海葵）、Jon Radoff（唸珠海葵）

海葵住哪裡？

海葵喜歡在清澈、乾淨而且富有高溶氧量的海域生長，牠們分布很廣，從極地海域到熱帶海域都有，但以印度洋和太平洋海域占了絕大宗。海葵通常身長 1.8～3 公分，不過有些住在熱帶海域的種類大小差距很大，有大到兩公尺的巨大種類，或小至三公釐的楔形海葵——2016 年 7 月由日本的科學家發現，只生活在日本沖繩本島東岸附近海域，牠是獨立生存的海葵，不與其他生物共生。目前世界上已知的海葵種類超過 1000 種，實際存在種類可能更多。

唸珠（串珠雙輻）海葵

拿破崙地毯（黏著隱樹）海葵

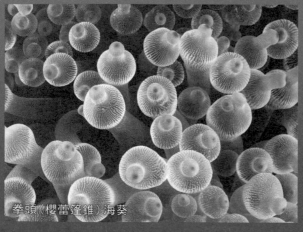

拳頭（櫻蕾蓬錐）海葵

大部分海葵會與藻類共生以獲得能量，另外大約有 10 種巨型海葵會跟我們小丑魚一族共生，這 10 種海葵分布很廣，特別是熱帶洋流經過的海域，北自日本東京，南到澳洲雪梨的珊瑚礁海域。臺灣附近海域中也擁有其中七種巨型海葵，包括拿破崙地毯海葵、拳頭海葵、唸珠海葵、公主海葵、斑馬海葵、長鬚地毯海葵以及地毯海葵等。

緩慢的領域之爭

不論在哪個海域，海葵多分布在淺礁區、砂礫海床、泥質土壤等地方，像是潮間帶或潮池也常常可以發現牠們的蹤跡，極少數才生活於海底深淵。

海葵如果感覺環境不舒服，就會一直搬遷，但若生活舒適，牠們會在同個位置固定相當長的時間，甚至好幾年。海葵喜愛的平坦淺灘深度大約是海平面下 50 公尺的距離，是陽光仍可以抵達的範圍，因此很適合

海葵以及與海葵共生的蟲綠藻、蟲黃藻等藻類在此行光合作用，這也與小丑魚的生活位置有點關係。

除了提供能量以外，這些共生藻也給了海葵繽紛的色彩，海葵本身組織的色素，再加上共生藻的顏色就產生了黃褐、紅、綠、粉紅、黃、藍、白等多樣的色彩，即使在同一海域也能看到多種不同顏色的海葵。

很有趣的是，海葵總是獨自行動，住得近，但絕不住在一起。牠們有很強的領域性，需要一定的生存範圍，有時為了爭奪地盤，牠們會努力擺動肥短的觸手或整個身軀，像是用頭槌攻擊那樣來毆打鄰近的海葵；但因為海葵是利用液壓來進行身體肌肉的縮放，所以每一步動作都相當的慢，若沒有用縮時攝影，這多達數分鐘的一拳重擊看起來就像輕輕的碰觸對方呢！

看……招……

親切的好房客

與海葵共生的小丑魚，屬於雀鯛科的海葵魚亞科，全世界共有 28 種，臺灣附近海域有五種，正式名稱分別是克氏海葵

海葵的防禦力

海葵沒有完整的神經系統，無法藉由各式感官來偵查危險。所以當遇到危險時，牠們只能利用口盤和體壁強韌的肌肉來收縮身體，並且排空觸手的水分，把口盤及觸手全都收入體內，以此來防禦，大約維持兩個半小時後才會恢復正常狀態。捕食者通常會在觸手伸出來以前就放棄攻擊，尋找其他目標。

魚、白條海葵魚、眼斑海葵魚、粉紅海葵魚以及鞍斑海葵魚等。

我們小丑魚能夠穿梭於海葵之間，享受海葵的專屬保護，不用害怕被刺絲胞攻擊。平時除了幫忙海葵清理壞死細胞或海葵排泄物

親切又會幫房東的忙。

海葵的
房客
眼斑海葵魚

圖片來源：達志影像、Freepik；繪圖：李吳宏、小比

圖片來源：Wikimedia Commons/Nick Hobgood（眼斑海葵魚）

（可能是吃掉，也可能是在我們游動時順著水流將其清走）之外，我們游動時激起的水流也能使周遭的浮游生物、小魚小蝦來到海葵附近，做為海葵的小點心；而我們自己吃完的食物殘渣，或是海葵吃完的食物渣滓都能當做彼此免費的下午茶。有時候我們優游其中的美妙姿態甚至成了最佳的誘餌，吸引到較大型的動物，為海葵和我們自己爭取了不少福利。

除了我們以外，海葵也常與蝦、蟹或寄居蟹等動物一起生活。

忘恩負義的壞房客

其中有一位透明小巧的房客是海葵蝦。海葵蝦對海葵的毒液具有免疫力，因此這些危險觸手成了渺小的海葵蝦在海中最好的保護者，海葵蝦的食物殘餘或清潔能力也為海葵帶來一些好處。

然而海洋生物學家卻發現了邪惡蝦子的祕密，當食物充足時，海葵和蝦子會相安無事，一旦海葵蝦斷糧了，牠會開始搶奪海葵捕捉到的獵物；更嚴重的情況，若兩者都無法捕獲足夠食物時，海葵蝦會將壞腦筋動到海葵身上，將海葵的觸手剪斷當成食物吃到肚裡。但因為蝦子對海葵的毒性有免疫力，因此吃了毒觸手也不會有事，因為觸手對海葵蝦並沒有作用，海葵根本無法反擊海葵蝦，真是視「蝦」不清，引狼入室呀！

四處為家的好房東

大型海葵可以做為魚蝦蟹的房東，小型的海葵則可以成為其他動物的房客。

有一種廣泛分布於印度洋與太平洋沿岸的花紋細螯蟹，或稱拳擊蟹、啦啦隊員蟹，就被發現會用牠們的螯各拿著一個海葵，好似拳擊手套，也像啦啦隊的彩球，用米當

太餓的話會吃掉房東！

海葵的
房客
海葵蝦

把房客捧得高高。

海葵的
房東
拳擊蟹

搬家也帶房客走！

海葵的
房東
寄居蟹

做保護自己的武器。很好笑的是，失去了雙螯，拳擊蟹就只能用步行腳去進食，想想也是呆得有些可愛。

另外一位好房東則是寄居蟹。寄居蟹硬底質的殼對海葵來說是相當好的固著物，附著於上的海葵，常見的為蟪形美麗海葵，可以提供寄居蟹某些程度的保護，也避免其他有害的生物在殼上形成群落；而海葵除了可以獲得棲息空間外，寄居蟹覓食時也可為海葵帶來些許食物，也因為寄居蟹四處遷徙，比起固著於某處，獲得了更多捕食的機會。

當然引發寄居蟹與海葵共生行為的原因是雙向的，當寄居蟹擔心周遭有捕食者存在，或海葵找不到更合適的居住環境時，這個共生關係就自然而然的形成了。然而，一旦沒有捕食者的威脅了，寄居蟹可能就不再主動獲取海葵，也不會在換殼時記得將海葵移到新家上。反之，當一個生活區域存在捕食者的嚴重威脅的情況下，較為優勢的寄居蟹也可能從別隻寄居蟹的殼上奪走海葵，甚至直接奪取一整個殼。

醫學明日之星？！

海葵毒素的作用已被研究許久，像是在太陽海葵（*Stichodactyla helianthus*）中發現的毒素是一種叫做 ShK 的肽分子，它可以促進特定類型的免疫細胞（能對抗感染）持續生成；同時 ShK 會抑制神經細胞的鉀離子通道，因而影響神經細胞膜電位，最後導致生物體麻痺、癱瘓。

所以厲害的科學家合成相似於 ShK 的 ShK-186 肽化合物，使它不會影響神經細胞，只剩下促進特定免疫細胞生成的作用，因此可以用來治療、控制一些自體免疫疾病，像是多發性硬化症、特定型類風濕性關節炎、銀屑病、狼瘡等。

另一方面，海葵的再生能力也是吸引科學家孜孜矻矻研究牠的原因之一。來自美國路

與專屬保鑣的協定

我們是同一國的！

剛出生的小丑魚，和其他動物一樣無法招架海葵的攻擊，但是我們會漸漸的獲得一些「保護物質」，這個過程稱為「馴化」。這些「保護物質」的成分與海葵自身的分泌物很相似，使小丑魚接近海葵時，海葵誤以為我們是牠自身的一部分，因此不會發射刺絲胞攻擊。但是當魚身上的黏液被刻意抹去時，海葵翻臉不認魚的反差還是相當恐怖的。

圖片來源：Freepik．繪圖：李昊宏、小比

圖片來源：Wikimedia Commons/ MadRabbit（斑馬海葵）、Chalokum Diving（長鬚地毯海葵）、Nhobgood Nick Hobgood（公主海葵）、Brocken Inaglory（地毯海葵）

斑馬（多琳巨指）海葵

公主（壯麗雙輻）海葵

長鬚地毯（巨型列指）海葵

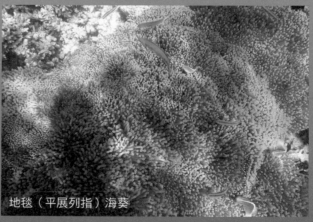

地毯（平展列指）海葵

易斯安那大學拉法葉分校的研究團隊發現，若將老鼠受損的聽覺毛細胞浸泡在海葵用來修復受損細胞的蛋白質混合液中，經過一小時後，小鼠受損的細胞傳遞鈣離子的能力竟能回復到正常細胞的程度，甚至比正常細胞更好；同時他們也發現，雖然人類並沒有像海葵一樣具有自我修復的蛋白質，但同為哺乳類的老鼠身上卻有與海葵有些類似的修復蛋白，只是這個修復效果和海葵的蛋白質相差甚遠，若能想辦法提高這些蛋白質的修復效力，來做後續試驗將更為合適。

儘管離正式成功的路還困難重重，但目前的研究結果讓科學家很興奮，想更仔細的了解聽力的運作機制，期待有朝一日能為失聰的病人們帶來佳音。　科

作 者 簡 介

翁嘉文　畢業於臺大動物學研究所，並擔任網路科普社團插畫家。喜歡動物，喜歡海；喜歡將知識簡單化，卻喜歡生物的複雜；用心觀察世界的奧祕，朝科普作家與畫家的目標前進。

海中的太陽花——海葵

國中生物教師　江家豪

關鍵字：1. 刺絲胞　2. 囊狀消化腔　3. 共生　4. 生殖

主題導覽

海葵這種分布在淺海域的生物，伸展觸手的模樣就像一朵朵綻放的花朵，讓海洋更加五彩繽紛，生意盎然。不擅長移動的海葵，常常被人誤會是一種植物，但實際上海葵不但是動物界的成員，更是具有美麗陷阱的掠食動物。海葵跟其他動物一樣，細胞不具有細胞壁，也沒有葉綠體，所以必須透過吃其他生物來獲得養分，才能生長及繁殖。其實海葵還有一些親戚，包含水母、珊瑚和水螅等。牠們都是居住在水中的生物，要觀察牠們，必須到海邊或是水族館的魚缸中去尋找牠們的蹤跡。

挑戰閱讀王

看完〈海中的太陽花——海葵〉後，請你一起來挑戰下列問題。

答對就能得到👍，奪得 10 個以上，閱讀王就是你！加油！

◎海葵大家族的成員有一些共通點：擁有一個像大布袋的囊狀消化腔，在消化腔的開口周圍環繞著許多觸手，觸手上則有這個家族最重要的構造——刺絲胞。這些看似柔弱的動物，就靠著刺絲胞來攻擊獵物，堪稱最美麗的掠食者。平常牠們只是任由觸手隨波逐流的搖曳，看似平和，然而一旦有獵物碰觸到刺絲囊外的刺針，就會啟動刺絲胞的開關，引發可怕的攻擊——刺絲囊會收縮，急速升高的壓力迫使裡面的刺絲噴射而出，扎入獵物的身體，一根小小的刺絲並不足以制伏獵物，但當所有觸手上的刺絲胞一起發射，那威力就不同凡響了。被一把細針扎中的酥麻感，常讓人誤以為牠們會電人，但其實刺絲並不會放電，只會分泌麻醉獵物用的毒素。然而這些毒素可不容小覷，有些刺絲胞動物釋放的毒素足以讓一個強壯的成人瞬間癱瘓甚至死亡。

（　　）1. 下列何者並非海葵所具有的特徵？（這一題答對可得到 2 個👍哦！）

①消化腔只具單一開口　②具有刺絲胞　③具有細胞壁　④具有觸手

（　　）2.下列何種生物和海葵的親緣關係最接近？（這一題答對可得到 2 個🖐哦！）
　　①海膽　②海星　③向日葵　④水螅

◎海葵捕獲獵物後，會將獵物捲入囊狀的消化腔中進行消化吸收，最後無法消化的食物殘渣也會從同一個開口被排出。有趣的是移動能力不好的海葵，要如何捕捉到獵物呢？答案就在牠們的夥伴身上了。小丑魚是許多海葵最佳的拍檔，牠們生活在一起，為彼此創造好處，這樣的互動關係我們稱之為互利共生。小丑魚常常在較大型的海葵中穿梭，因為體表具有特殊的黏液，所以不會被海葵攻擊，反而能做為誘餌，幫海葵吸引來更多的獵物；而海葵有毒的觸手則提供小丑魚最佳的保護，讓小丑魚免受其他掠食魚類的侵害。海葵的另一個好夥伴則是寄居蟹，一些體型較小的海葵住在寄居蟹的殼上，為寄居蟹提供很好的偽裝和保護，而寄居蟹則讓海葵有更好的移動能力，可以移動到不同的環境，增加捕食的機會，這樣的夥伴關係是不是很微妙呢？

（　　）3.海葵與小丑魚的互動關係稱為什麼？（這一題答對可得到 1 個🖐哦！）
　　　①寄生　②互利共生　③掠食　④競爭

（　　）4.臺灣哪個環境最容易發現海葵的蹤跡？（這一題答對可得到 3 個🖐哦！）
　　　①東北角馬崗潮間帶　②七家灣溪　③日月潭　④東部外海

◎海葵的移動能力不好，所以很難主動的去找尋另一半。牠們會將精卵排出體外，讓它們隨機在海水中相遇，這樣的模式我們稱為體外受精。然而精卵要在茫茫大海中相遇有一定的難度，還有被天敵吃掉的風險，所以海葵一次會排出相當多的精子和卵子，來增加繁殖後代的機率；另一個更有效率的生殖方法是無性生殖，這可以解決尋找另一半的困

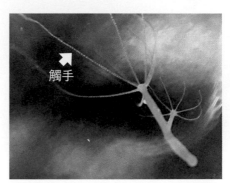

▲正在行出芽生殖的水螅，也是刺絲胞家族的成員。

難。具有再生能力的海葵，可以透過斷裂或出芽的方式，由一個成熟的海葵獨力產生新個體，不但更有效率的完成生殖，後代的存活率也相對較高。

圖片來源：江家豪

（　　）5.海葵不會進行下列何種生殖方法？（這一題答對可得到 3 個 👍 哦！）
　　　　①有性生殖　②出芽生殖　③孢子繁殖　④斷裂生殖

延伸思考

1.海葵既然能夠無性生殖，為什麼還要進行較沒效率且成功率低的有性生殖呢？

2.除了海葵與小丑魚、寄居蟹之外，還有哪些生物間也存在互利共生的關係呢？

3.近年來科學家合成一些類似海葵毒素的物質，用來治療某些人類的免疫系統疾病，
　卻又不至於造成人體的麻痺癱瘓。此外還有海葵的再生能力，倘若讓海葵得以再
　生的蛋白質能作用在人體，可能修復一些難以復原的創傷。想想看，除了海葵，
　還有哪些生物具有類似的能力可以運用在醫療上呢？

4.查查看，刺絲胞發射後是否可以收回來重新發射呢？

多讀書有益健康！

科學少年好書大家讀

跨界素養持續放送中！

學習STEM的最佳讀物
酷科學系列

文字輕鬆簡單、圖畫活潑有趣
幫助孩子奠定 STEM 基礎

酷實驗：給孩子的神奇科學實驗
酷天文：給孩子的神奇宇宙知識
酷自然：給孩子的神奇自然知識
每本定價 380 元

酷數學：給孩子的神奇數學知識
酷程式：給孩子的神奇程式知識
酷物理：給孩子的神奇物理知識
每本定價 450 元

揭開動物真面目
沼笠航系列

可愛插畫 × 科學解說 × 搞笑吐槽
讓你忍不住愛上科學的動物行為書

有怪癖的動物超棒的！圖鑑　　定價 350 元
表裡不一的動物超棒的！圖鑑　　定價 480 元
奇怪的滅絕動物超可惜！圖鑑　　定價 380 元
不可思議的昆蟲超變態！圖鑑　　定價 400 元

化學實驗好愉快
燒杯君系列

實驗器材擬人化
化學從來不曾如此吸引人！

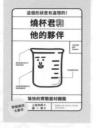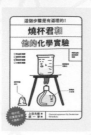

燒杯君和他的夥伴　　　定價 330 元
燒杯君和他的化學實驗　定價 330 元

燒杯君和他的偉大前輩（暫定）
預計 2020 年 12 月出版

中文版書封設計中

動手學探究
中村開己的紙機關系列

日本超人氣紙藝師
讓人看一次就終生難忘的作品

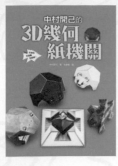

中村開己的企鵝炸彈和紙機關
中村開己的 3D 幾何紙機關
中村開己的魔法動物紙機關
中村開己的恐怖紙機關
每本定價 500 元

做實驗玩科學
一點都不無聊！系列

精裝大開本精美圖解，與生活連結，
無論在家或出門，都能動手玩實驗！

一點都不無聊！我家就是實驗室
一點都不無聊！帶著實驗出去玩
每本定價 800 元

科學少年 Q

遠流博識網

科少叢書出版訊息
請持續關注
科學少年粉絲團！

戰勝108課綱
科學閱讀素養系列

跨科學習 × 融入課綱 × 延伸評量
完勝會考、自主學習的最佳讀本

科學少年學習誌：科學閱讀素養生物篇 2
科學少年學習誌：科學閱讀素養理化篇 2
科學少年學習誌：科學閱讀素養地科篇 2
每本定價 200 元

科學少年學習誌：科學閱讀素養生物篇 1
科學少年學習誌：科學閱讀素養理化篇 1
科學少年學習誌：科學閱讀素養地科篇 1
每本定價 200 元

科學閱讀素養生物篇：夏日激戰登革熱
科學閱讀素養理化篇：無線充電，跟電線說再見
科學閱讀素養地科篇：地球在變冷？還是在變熱？
每本定價 180 元

科學閱讀素養生物篇：革龜，沒有硬殼的海龜
科學閱讀素養理化篇：磁力砲彈發射！
科學閱讀素養地科篇：超級聖嬰來襲
每本定價 180 元

解答

基因改造食物：真相大公開
1.① 2.④ 3.② 4.② 5.④ 6.③ 7.① 8.② 9.①

動物天生愛模仿
1.② 2.③ 3.① 4.②

開啟抗生素時代──弗萊明
1.④ 2.② 3.③ 4.① 5.③ 6.④ 7.① 8.① 9.②

森林裡的小精靈──樹蛙
1.③ 2.④ 3.① 4.② 5.②

花叢中的華麗舞者──大紅紋鳳蝶
1.③ 2.② 3.① 4.② 5.② 6.③ 7.④ 8.① 9.② 10.④

海中的太陽花──海葵
1.③ 2.④ 3.② 4.① 5.③

科學少年學習誌
科學閱讀素養 ◆ 生物篇 3

編者／科學少年編輯部
封面設計／趙璦
美術編輯／沈宜蓉、趙璦
資深編輯／盧心潔
科學少年總編輯／陳雅茜

發行人／王榮文
出版發行／遠流出版事業股份有限公司
地址／臺北市中山北路一段 11 號 13 樓
電話／02-2571-0297　　傳真／02-2571-0197
郵撥／0189456-1
遠流博識網／www.ylib.com　　電子信箱／ylib@ylib.com
ISBN 978-957-32-8881-7
2020 年 11 月 1 日初版
2021 年 11 月 30 日初版三刷
版權所有 · 翻印必究
定價 · 新臺幣 200 元

國家圖書館出版品預行編目

科學少年學習誌：科學閱讀素養生物篇3／
科學少年編輯部編 . --初版 . --臺北市：遠流，
2020.11
88面；21×28公分 .
ISBN 978-957-32-8881-7（平裝）
1. 科學 2. 青少年讀物
308　　　　　　　　　　　109005008